─持続可能な社会実現のための─

生態系に学ぶ！

"気候変動"適応策と技術

下平　利和／著

ほおずき書籍

はじめに

　近年、我が国では、巨大台風、豪雨等による高潮や河川の氾濫、土砂災害が頻発・激甚化して、各地に大きな被害をもたらしている。世界では、大型ハリケーン・サイクロンや洪水、干ばつや熱波、森林火災など異常気象による災害が各地で多発し、避難民など多くの犠牲者を出している。

　また、健康分野においては近年、SARS（重症急性呼吸器症候群）や MERS（中東呼吸器症候群）、新型コロナウイルス（COVID-19）など、新たな感染症の多発と世界的大流行が人類の脅威となっている。

　今後、地球温暖化の進行にともなう地表及び大気の熱・エネルギー量の増加によって、異常高温（熱波）や降雨パターンの激変（局地的大雨・短時間強雨・干ばつ）、台風・竜巻の大型化など、気候変動の「頻度」と「大きさ」は拡大することが予測される。さらに、年々上昇する気温による永久凍土の融解や土壌中有機物の分解促進、異常乾燥（熱波）による森林火災、異常気象による水不足（砂漠化）など、地球生態系（エコシステム）がなお一層破壊される悪循環によって気候変動（温暖化）の加速化が考えられる。そして、今までにない極端な気候変動によっては、地球生態系のバランスは大きく崩れ、多くの生物は適応することができず生きていくことが難しくなる。人間も、洪水・高潮・土砂崩落など自然災害の頻発・激甚化や、健康（熱中症、感染症など）への影響、水・食糧・生物資源の枯渇などによって生存の危機に直面することになる。

　気候変動問題は大変深刻であり、現在生じている、また将来予測されるさまざまな分野への気候変動の悪影響を防止・軽減する取り組みが重要になっている。

　本書は、このような事態の中、筆者自身が「人間を含む多様な生物が今後持続的に生きていくためにはどのようにしたらよいか」を探求し、その結果「地球生態系の機能（エコシステム）を基調にすることが重要である」との結論を得て、それをもとに『生態系に学ぶ！ "気候変動" 適応策と技術』として取りまとめたものである。

本書は4章から構成されている。

1章　"気候変動"問題解決のカギ「地球生態系」を学ぶ！

　　　地球生態系とはなにか（食物連鎖、物質循環、機能・恵み、人類生存の基盤）、気候変動（地球温暖化）とはなにか、気候変動は地球生態系の乱れ、それではどうしたらよいのか、"気候変動"問題解決のための地球生態系の保全対策などを学ぶ。

2章　気候変動の影響と対策（緩和と適応）

　　　世界と日本の気候変動対策の動向、対策の体系（緩和と適応）、及び現状における気候変動の分野別影響（世界・日本）と適応策の基本的な考え方について学ぶ。

3章　生態系に学ぶ！　気候変動の影響と適応策技術［分野別］

　　　―生態系の機能（恵み）を活用した適応技術―

　　　10分野別に、気候変動の影響と適応策技術を紹介している。

4章　"気候変動"適応策を実施するにあたっての留意点

　　　―原点（生態系）に戻って考え、それを基調に地球環境の保全―

　　　気候変動適応策を実施するにあたっての留意点をあげている。

　気候変動の影響は、自然環境や人間社会にまで幅広くおよび、農・林・水産、水資源、自然生態系、自然災害・沿岸域、健康などの分野ではより深刻な影響が生じることが懸念される。早急に、将来の地球環境を見据えて効果的な対策を講じなければならない。本書が、気候変動対策（緩和・適応）のお役に立ち、持続可能な社会を実現するための一助になれば幸いである。

　　　　　　　　　　　―地球生態系との融和（自然との共生）を目指して―

　　　　　　　　　　　　　　　　　　　　　2020年4月　下平利和

追記：気候変動（地球温暖化）対策には緩和策と適応策がある。前著『生態系に学ぶ！地球温暖化対策技術』（2019年4月発行）は、緩和策を主体にとりあげ、適

応策に関しては、「水環境分野」「自然災害分野」「国民生活分野」の３分野を事例として紹介するにとどめている。本書は、さまざまな分野に深刻な影響を及ぼす気候変動問題に対処するため、前著を補充・補完して、"気候変動"適応策と技術を主体にとりあげ、10分野別に紹介している。

生態系に学ぶ！"気候変動"適応策と技術 ●目　次●

はじめに

1章

"気候変動"問題解決のカギ「地球生態系」を学ぶ！

　本章では、1 生態系とはなにか、2 生態系は物質循環によって成り立つ、3 さまざまな生態系が集まって地球生態系を形成、4 地球生態系は人類生存の基盤、5 地球生態系の概念、6 地球生態系の物質循環、7 地球生態系の機能(恵み)、8 地球温暖化とはなにか、9 気候変動とはなにか、10 気候変動は地球生態系の乱れ(不健全化)、11 それでは、どうしたらよいのか？(緩和と適応)をとりあげ、自然の叡智"生態系"のすばらしさと、"気候変動"問題解決のためには健全な地球生態系を確保することが重要であることを学ぶ。

生態系ってなに？…生態系とは

生態系とは

　生物は、単独では生活できず、同じ仲間どうしで、また別の仲間との間でもお互いに関わりあいながら生きている。また、生物たちは、太陽エネルギーや雨、気温、風などの環境の影響を受けるとともに、環境に影響を及ぼしている。

　森林、草原、河川、湖、海など、ある一定の区域に存在する生物とそれを取りまく環境全体（大気、水、土壌、太陽エネルギーなど）をまとめ、ある程度閉じた系とみなし、これを生態系という。

　生態系は、植物（生産者）、動物（消費者）、微生物（分解者）から構成される生物的部分と、大気、水、土壌などの非生物的部分からなっている（図1.1）。

図1.1　「生態系の概念図」の説明

▶　**太陽エネルギー**：すべては太陽から始まる。太陽エネルギーが地球に入射し、その一部は再び宇宙に向けて反射されるが、地球に吸収されたエネルギー（熱）は大気と海水を動かす原動力となり、それらの流れが変化に富む地球の気候を生み出す。

▶　**大気**：大気を構成する大部分は窒素約78％と酸素約21％で、残り約１％がそれ以外のさまざまな気体である。空気中の酸素は動物・植物の呼吸に必要であり、二酸化炭素は植物の同化作用にとって重要な成分である。大気中では酸素約21％、二酸化炭素約0.03％（近年、増加）でバランス良く保たれている。

▶　**水**：生物は水なしでは生きていけない。地球の水の総量は実質的に変化せず、水は形態を絶えず変化（気化・液化・固化）させながら循環している。

▶　**土壌**：生態系を支える土台であり、植物が育つために必要な有機物や無機物を含み、微生物などの生息空間でもある。

▶　**植物（生産者）**：植物は大気中の二酸化炭素と土壌中の水分を吸収し、太陽

エネルギーを使って光合成を行い、糖などの有機物（栄養分）を作る。植物の作る有機物がすべての生命を支えるもとになっている。

▶ **動物（消費者）と植物（生産者）**：互いに食うか、食われるかの関係（食物連鎖）でつながり、生態系のバランスを保ちながら生存している。

▶ **微生物（分解者）**：動物や植物の死がい、排せつ物、枯葉などの有機物を無機化して土に還す。ごみを分解する重要な存在である。

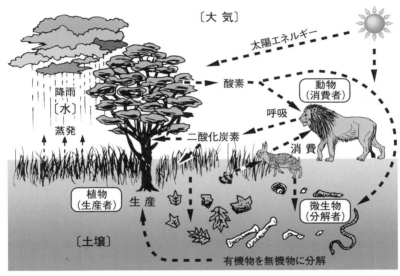

図1.1　生態系の概念図　（参考文献７）８）をもとに作成）

② 生態系は、物質循環によって成り立つ（自然のリサイクル）

生態系は、物質循環で成り立つ

　生態系の生物部分は、生産者、消費者、分解者に区分される。植物（生産者）が太陽光からエネルギーを取り込み、光合成（図1.2）で有機物（糖類）を生産し、これを動物（消費者）が利用していく。死がいやフンなどは主に微生物に利用され、さらにこれを食べる生物が存在する（分解者）。これらの過程を通じて、生産者が取り込んだエネルギーは消費されていき、生物体が無機化されていく。それらは再び植物や微生物を起点に食物連鎖（図1.3）に取り込まれる。これを物質循環といい、生態系はこの物質循環で成り立っている。

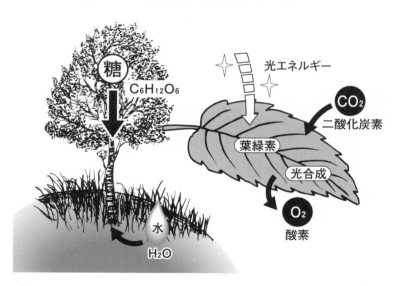

二酸化炭素 ＋ 水 ＋ 光エネルギー → 糖 ＋ 酸素 ＋ 水
$6CO_2$　　　$12H_2O$　　　　　　　　$C_6H_{12}O_6$　$6O_2$　$6H_2O$

図1.2　光合成　（参考文献3）をもとに作成）

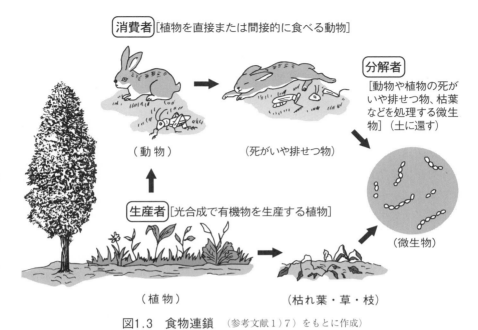

図1.3 食物連鎖 (参考文献1)7) をもとに作成)

生態系は、ごみを出さない自然のリサイクル

　自然の中にも落ち葉や枯れ枝、動物の死がいやフン、人間でいえばごみにあたるものがたくさんできる。しかし、これらのものは、小さな虫やミミズなど（消費者）に食べられたり、土の中や水底の細菌やカビなど（分解者）によって分解されて、土にもどっていく。そして、これを肥料にして植物（生産者）が成長して、その植物を動物（消費者）が食べるというように、自然の中でリサイクル（一度使われたものが形を変えながら何度も使われること）がうまく行われている。生態系は「ごみを出さない自然のリサイクル」である。

3 さまざまな生態系が集まって、地球生態系を形成

さまざまな生態系

生態系は、それを取り巻く環境のちがいによりさまざまである。媒質が空気か水のちがいで、陸域生態系と水域生態系とに大別される（図1.4）。

陸域生態系は、植生の種類や有無によって森林、草原、砂漠などの生態系に分かれ、水域生態系は、海洋、湖沼、河川などの生態系に分かれる。

代表的な森林生態系と海洋生態系の概要を図1.5、図1.6に示す。

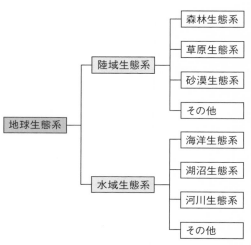

図1.4　さまざまな生態系　参考文献2）

森林生態系

森林は、植物の葉層などで太陽エネルギーを吸収し、森林内部に安定した気象環境（温度・湿度・風力・光量等）を形成する。また、緑のダムとも呼ばれ、雨水を保水する機能に優れる。

多種多様な生物が生息する森林生態系は、おいしい水ときれいな空気をつくる源である。

図1.5「森林生態系の概要」の説明

① 草木など緑色植物は、太陽光からエネルギーを取り込み、葉緑素の働き〔光合成〕によって、土壌から吸い上げた養分や水分と大気中の二酸化炭素（CO_2）から有機物（糖類）をつくり成長する。

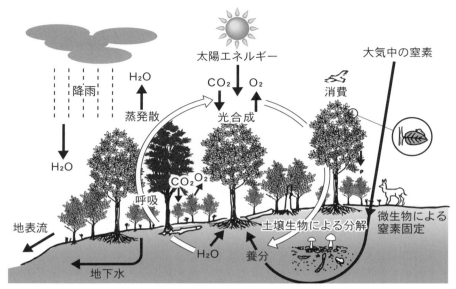

図1.5　森林生態系の概要　参考文献3）

② 　鳥や虫、草食・肉食動物は、植物のつくった有機物（糖類）を直接または間接的に食べて生育する。

③ 　植物が枯れて地表に落ちた枝・葉や動物の死がい・排せつ物などは、土壌の小動物や微生物によって分解され、土に還る。

④ 　大気中の水分（H_2O）、二酸化炭素（CO_2）、酸素（O_2）は、植物の光合成、動物・植物の呼吸、微生物の有機物分解などに使われ、広域的に循環し、大気中では酸素約21％、二酸化炭素約0.03％（近年、増加）でバランス良く保たれている。

⑤ 　水は、大気、森林、土壌などに存在し、降雨、森林の吸収・吸着・蒸散、土壌の浸水・蒸発・表流などを繰り返し循環する。

海洋生態系

　地球の表面の約7割を占める海洋は、生命の源であり、多種多様な生物が生息し、豊かな生態系を形成する。

図1.6 「海洋生態系の概要」の説明

① 生産者の植物プランクトンや海草・海藻（種子・被子植物）などは、海洋表層で太陽光からエネルギーを取り込み、水中に溶存する窒素・リンなどの栄養塩類や二酸化炭素（CO_2）を吸収し、光合成によって有機物（糖類）をつくり増殖・成長する。

② 一次消費者のバクテリアは、水中に溶解する有機物を分解して増殖する。

③ 二次消費者の微小動物は、これを捕食して成長する。

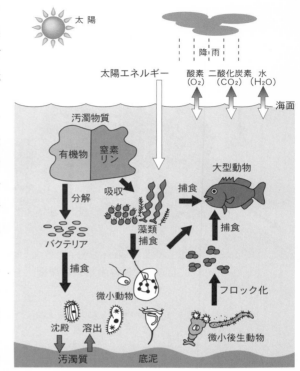

図1.6　海洋生態系の概要　（参考文献2）をもとに作成）

④ さらにこれを捕食する三次消費者の魚類が捕食し成長する。

⑤ 枯死した植物プランクトン、動物プランクトンや魚などの死がいは、海底に沈殿し、微生物によって分解される。

⑥ 大気中と海水中の水分（H_2O）、二酸化炭素（CO_2）、酸素（O_2）は、海面を介して吸収・発散して、ほど良い濃度にバランスが保たれている。

⑦ 太陽エネルギーを吸収した海水は、冷めにくく、温まりにくく、地球上の気候を穏やかにする働きをもつ。

環境ミニセミナー 生態系ピラミッドについて

　生態系の生物群は、太陽エネルギーを取り込み無機物（CO_2など）から有機物をつくる生産者（緑色植物）と、その生産者の消費者（動物）、両者の排せつ物や死がいを無機化する分解者（微生物など）から構成され、それらの生体量はピラミッド構造となっています（図S.1）。ピラミッドの上に行くほど生きられる数は少なくなります。したがって、生態系ピラミッドの最上位に位置する人類や肉食性動物の生きられる数は少なく、限られています。今人類が直面している人口問題や食糧問題の根本的な要因がここにあります。

　また最近、「生物種の絶滅」も深刻な問題となっています。「生物多様性及び生態系サービスに関する政府間科学・政策プラットフォーム」（IPBES）は、人類の活動によって約100万種の動植物（約25％の種）が絶滅の危機にさらされていると警告しています(2019年5月)。生態系ピラミッドの中で、ある生物がいなくなってしまうと、それを食物にしていた生物が影響を受け、食物連鎖のピラミッドが壊れてしまいます。わたしたち人間も、このピラミッドを構成する一員です。ピラミッドが崩れてくると食糧不足など、私たちにもその影響が及んできます。

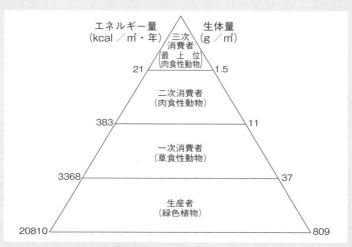

図S.1　生態系ピラミッド（例）　参考文献1）2）3）

4 地球生態系は、人類生存の基盤

　地球ができたのが今から46億年前、初めて生物が生まれたのが35〜40億年前といわれ、その頃大気の中には酸素はなかったが、しばらくすると酸素を光合成により生み出す藻類が誕生し、その後酸素の増加とともに二酸化炭素の減少やオゾン層の形成により、地球生態系は安定してきた。約6億年以上前には海の中に動物が現れ、3〜4億年前には陸上の動物が現れ、数百万年前には原人が出現するなど、さまざまな生物が誕生し、長い年月をかけて現在のような地球生態系が形成された（図1.7）。もし生態系の中である生物がいなくなってしまうと、食物連鎖のピラミッドが崩れ、生態系は成り立たない（環境ミニセミナー「生態系ピラミッドについて」P.9参照）。崩れた生態系ピラミッドが修復されるには長い年月を要する。

　地球生態系は、さまざまな生物がお互いに関わりあって、絶妙のバランスで保たれ維持されている。人間も、生態系を構成する一員であり、生態系に深く関わり生きている。生態系が健全であって初めて人間の生存が保障される。健全なる地球生態系は、人類生存の唯一無二の基盤である（図1.8）。

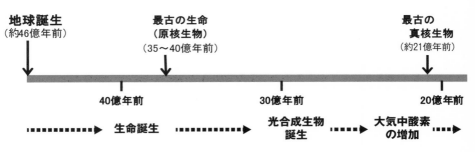

図1.7　地球生態系の歴史　（参考文献10) 11) をもとに作成）

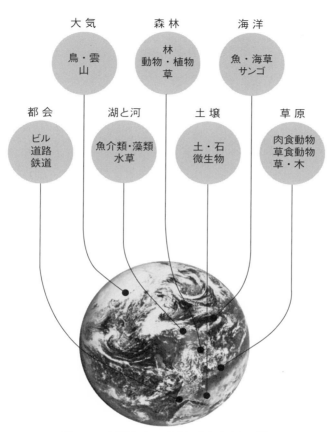

図1.8　人類生存の基盤［地球生態系］

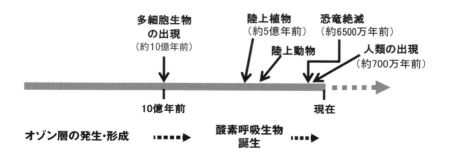

5　地球生態系の概念

　地球生態系は、大気圏、水圏、地圏と、そこに生息する生物から成る生物圏、それに太陽（光・熱）が加わる5要素から構成されている（図1.9）。

　図1.9に示すように、すべては太陽から始まり、地球に入射した太陽エネルギーは、その一部は再び宇宙に向けて反射されるが、地表に吸収され熱に変わるものがあり、この熱が、大気圏の大気と水圏の水（海水）を動かすエネルギーとなり、それらの流れが、気圧や風、気温や湿度、降水量などの変化に富んだ地球の気候を生み出す。また、生物圏では、樹木、草、水生植物・プランクトンなど植物（生産者）が太陽光からエネルギーを取り込み、光合成で有機物（糖類）を生産し、これを動物（消費者）が消費し、動物・植物の死がいや排せつ物を微生物（分解者）が無機化し、これを再び植物（生産者）が取り込む食物連鎖が行われ、この食物連鎖の過程で酸素（O_2）や二酸化炭素（CO_2）、有機物、窒素、りんなどの物質が生物圏と、大気圏や水圏、地圏との間で授受（供給・摂取）される。

　各圏は相互に関連し合い、エネルギーの収支や水、炭素、窒素などの循環が自然のメカニズムの働き（エコシステム）によって円滑に行われ、生物の生息環境は安定した状態に保たれている。

　以上のような、地球上のすべての生物と、大気、水、土など、それを取り巻く環境全体との関係（システム）が地球生態系である。

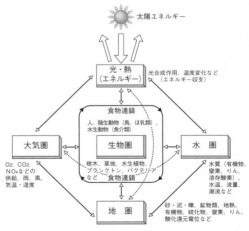

図1.9　地球生態系の概念
（参考文献12）をもとに作成）

6 地球生態系の物質循環

　地球生態系では太陽（熱・光）をエネルギー源として大気循環や水循環、炭素、窒素などの物質循環が起こり、それによって地球環境が安定化され、生物の生息が可能となる。

代表的な物質循環（エネルギー、水、炭素、窒素）

A）エネルギー収支

　太陽からの放射100％（図1.10のa）のうち、大気層の物質や地表面によって約30％が反射され、地表及び大気には約70％が吸収される。これが地球生態系のエネルギーとして利用される。また、地球からも宇宙に向かって赤外線が放射される（図1.10のb）。太陽光より波長が長い赤外線は、大気層の水蒸気（H_2O）や二酸化炭素（CO_2）などに吸収されやすく、ほとんどが吸収され、熱として大

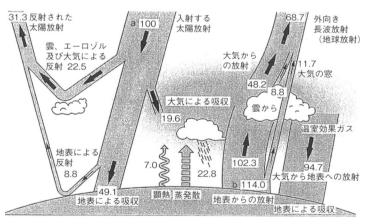

入射する全地球平均の太陽放射（342W/㎡）を100とした場合の値で表示（IPCC/TAR に基づく）。
[近藤洋輝、地球温暖化予測がわかる本、P.39、図3.6、成山堂書店（2003）] より

図1.10　太陽と地球のエネルギー収支　参考文献16）

気に蓄積され、この熱（赤外線）が再び地表の表面に戻って地表付近の大気を暖める（図1.10）。この現象が温室効果であり、地表付近の温度を一定状態に保ち（平均約14℃）、生物の生息環境を安定的に維持するうえで大変重要な地球生態系の環境保全機能である。なお、この効果はメタン（CH_4）やフロン類などにもあり、これらを温室効果ガスと呼ぶ。大気中の温室効果ガスが増えると温室効果が強まり、地球の表面の気温が高くなる。

B）水循環

地球上に循環する水の約97％は海水で占められている。残りのわずか３％ほどが湖沼水、河川水、地下水、土壌水、氷河などである。海洋や湖沼、河川が太陽熱によって暖められると、水分が蒸発し、水蒸気となって大気中に拡散する。水蒸気を含んだ空気が上昇して冷やされると、水蒸気は熱を放出して凝結する。凝

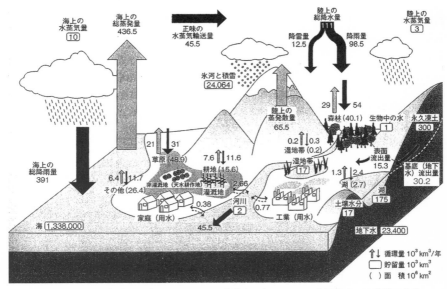

この地球の水収支には南極大陸は含まれていない。移動する水については年間あたりの体積で表示。
[沖 大幹、日本地球惑星科学連合ニュースレター（JGL）、３、３、P.1-3地球規模の水循環と世界の水資源、（社）日本地球惑星科学連合（2007）より]

図1.11　地球の水循環　参考文献15)

結した水滴や氷晶が大きくなると雨や雪となって地表に降ってくる。このように
して、海洋や湖沼、河川、土壌などにふたたび水が供給される。地球の水の総量
は実質的には変わらず、蒸気、液体、固体の３つの状態に変化しながら地球を循
環している。この過程で大量の熱エネルギーを運搬し、気候を形成する大きな役
割を担っている（図1.11）。

　また、水は地球上の生物にとってかけがえのない物質であり、わたしたち人間
の生活や産業にも欠かせない大切な資源である。世界の水資源の利用量は、多い
順に農業用水、工業用水、生活用水である。世界的に水不足問題は深刻化してい
る。

C）炭素循環

　炭素（C）は多くの物の中に存在する元素である。あらゆる植物・動物をはじ

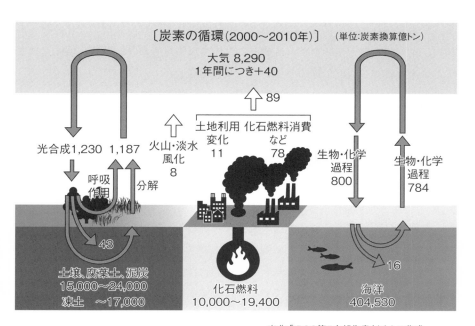

出典：「IPCC第5次報告書」をもとに作成

図1.12　地球の炭素循環　参考文献19)

め、わたしたちが呼吸する空気中にもある。地球に存在する炭素の大部分は、海洋、土壌、岩石、及び地殻の化石燃料や森林の植物などに貯えられている（図1.12）。

空気中に放出された炭素の大部分は、大気から二酸化炭素（CO_2）を取り込む植物や海洋をとおして、自然に循環している。

植物は大気中の二酸化炭素（CO_2）を光合成によって取り込み、有機物（糖類）をつくり出し、有機物（バイオマス）は微生物によって分解され、もとの二酸化炭素（CO_2）となって循環する。この限りであれば大気中の二酸化炭素（CO_2）濃度は増加しない（カーボンニュートラル）。地球に貯えられていた化石燃料（石油や石炭など）の使用（消費）が二酸化炭素（CO_2）増加の原因となる。

D）窒素循環

窒素（N）は大気中に安定した気体（N_2）として約78％（体積比）存在している。窒素を含む化合物には、アンモニアや硝酸に代表される無機的な化合物もあれば、タンパク質や核酸などの有機的な生体構成物質もあり、地球生態系ではさまざまな化合物の状態で循環している（図1.13）。

窒素（N）は、大気中では窒素ガス（N_2）や窒素酸化物（N_2O、NO_x など）、水中ではアンモニアイオンや硝酸・亜硝酸イオン、そしてそれらが組み合わさった無機塩類や生体構成物として存在する。土壌では細菌類（バクテリア）の影響が強く、大気中の窒素は根粒や光合成細菌、窒素固定細菌（ラン藻類の一種）などによって化学変化し、アンモニアを経由して結果的にアミノ酸などに組み込まれる（窒素の固定化）。このほか、亜硝酸菌・硝酸菌によるアンモニア塩の硝化や、脱窒菌による硝酸・亜硝酸塩の脱窒などがある。植物は、細菌類によってアンモニウムイオンや硝酸イオンに変換された窒素を水分と一緒に根から吸収し、タンパク質や核酸に変換している。多くの動物は、大気中の窒素を同化できないことから、動植物を食することで窒素を含有する栄養を摂取している。動植物の死がいや排せつ物には多量の窒素化合物が含まれているが、土壌の細菌類によって分解、無機化されて循環する。雷の放電によっても大気中の窒素は窒素酸化物などに変換されて、水に溶けて土壌に移行する。

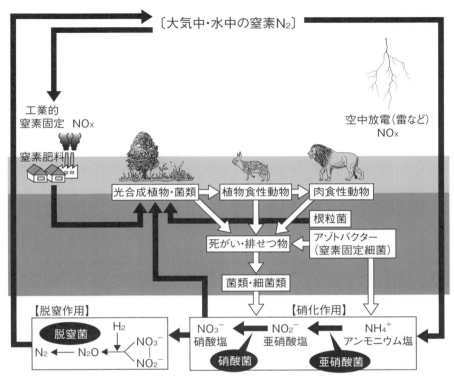

図1.13 窒素の循環 （参考文献18）をもとに作成)

　自然界ではこのように安定的に循環していたが、20世紀に入り、大気中の窒素と原油から取り出した水素を反応させてアンモニアを製造するハーバー・ボッシュ法が発明され、大量の窒素肥料の生産が可能になり、窒素循環に大きな変化が生じるようになった。さらに、化石燃料を多量に使用する社会・経済活動が盛んになり、工場、火力発電、自動車などから窒素酸化物が多量に排出され、オゾン層の破壊（N_2O）、地球温暖化（N_2O）、酸性雨（NOx）などの地球環境問題の原因のひとつに挙げられている。

⑦ 地球生態系の機能（恵み）

　地球生態系を構成する生物圏では、光エネルギーを用いた植物の光合成や、動物・植物の呼吸、生物相互間の食物連鎖などにより、大気圏、水圏、地圏に影響を及ぼし、それぞれの圏は相互に関連し合い、これらの相互作用によって地球生態系は成り立っている。

地球生態系の相互作用（代表例）

▶　太陽エネルギーを吸収し暖められた海洋の海水は、冷めにくく、温まりにくく、地球上の気候を穏やかにする働きを持つ。

▶　水は、大気、森林、土壌、河川、湖沼、海洋などに存在し、降雨、及び森林の吸収・吸着・蒸散、土壌の浸水・蒸発・表流、河川・湖沼・海洋の吸収・蒸発・貯留を繰り返し循環する。

▶　大気中の水分（H_2O）、二酸化炭素（CO_2）、酸素（O_2）は、植物の光合成、動物・植物の呼吸、微生物の有機物分解等に使われ、広域的に循環する。また、大気中と海水中に存在するこれらの物質は、海面を介して吸収・蒸発して、ほど良い濃度にバランスが保たれている。

▶　微生物（分解者）や動物（消費者）は、食物連鎖を通して、地圏や水圏の汚濁物質（有機物など）を分解（浄化）する。

　地球生態系はこのような地球全体のエネルギー収支や物質循環の働き（エコシステム）によって、酸素の供給や地球温暖化緩和（CO_2吸収・固定）、大気保全、水環境保全（水質浄化・水源涵養）などの環境保全機能を有する。このほかに、生産機能（農産物、林産物、水産物、再生可能エネルギーなど）や生物保全機能（遺伝資源の保存、動植物の生育保護など）、国土保全機能（土地の浸食・崩壊防止、洪水防止、水資源の涵養など）、アメニティ機能（温・湿度調整、防風・防塵、景観保全など）を有し、人類に限りない恵みを与えてくれる（図1.14）。

　私たちの暮らしは、地球生態系を構成する大気圏、水圏、地圏、生物圏からの

恵み（機能）によって支えられている。

図1.14　地球生態系からの恵み　参考文献12) 13) 19)

各圏からの恵み（機能）

A）大気圏

　大気圏は、清浄な空気、適度な温・湿度、そよ風など快適な生活環境の形成や、太陽光・熱、酸素（O_2）、窒素（N_2）、二酸化炭素（CO_2）の供給、気体成分から液体窒素や液体酸素、ドライアイスの回収などで生活・社会・経済活動を支えている。また、太陽光・熱、大気熱、風力などの再生可能エネルギーの供給源でもある。

B）水圏

　水圏では、地下水や河川水などの水資源が農業用水、工業用水、生活用水として、食糧や工業の生産、生活の糧に寄与している。また、水力発電や潮汐発電、波力発電などの再生可能エネルギーの供給源として機能している。

C）地圏

　地圏からは、多くのエネルギー資源、鉱物資源を得ている。しかし、銀・金・鉛・銅などは20〜50年程度、石油は約40年、天然ガス、ウランは約60年程度で枯渇すると考えられている（環境ミニセミナー「エネルギー資源・鉱物資源の残余年数」P.21を参照）。ただし、これは今後の社会・経済活動や環境・エネルギー対策などによって大きく変わる。

　また地圏は、温泉や地熱・地中熱（再生可能エネルギー）の供給源でもある。

D）生物圏

　生物圏は、農・畜産物（穀物類、野菜類、食肉類など）、林産物（建築用材やパルプ用材など）、水産物（魚介類、海藻類など）の生産機能を有する。

　さらに、微生物（分解者）の有機物分解は、下水処理や生ごみの堆肥化、バイオマスエネルギー・資源化などにより循環型社会の構築に貢献し、また、生物が有する遺伝資源は、新薬の開発や品種改良による食糧増産を可能にし、社会・経済活動を支えている。

環境ミニセミナー エネルギー資源・鉱物資源の残余年数

　地球生態系を構成する地圏から、石油や天然ガス、ウラン、石炭などのエネルギー資源の他、銀や金、鉛など多くの鉱物資源を生産しています。これらの資源は埋蔵量に限りがあります。今後何年、生産を続けることができるでしょうか（図S.2）。単純に埋蔵量を生産量で除した残余年数は概ね、石油約40年、天然ガス約60年、石炭約160年、ウラン60～80年、銀・金・鉛は20～40年と考えられています（2004年）。これらの値は今後の人口の増加や経済の発展、省資源・省エネルギー対策の推進などによる生産・消費量によって変わってきます。また、新たな採掘場所の発見や採掘・生産技術の進歩などによる確認埋蔵量の増加によっても変わります。いずれにしても、地球上のこれらの資源の絶対量は確実に減少して、やがて枯渇することは間違いありません。近年、世界各国の経済成長に伴い化石燃料の生産・消費量は増加していますので、枯渇の危機は迫ってきています。

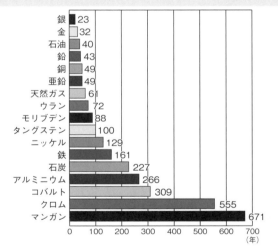

平成12年現在（ただし、ウランは平成9年、アルミニウムは平成11年）
残余年数＝埋蔵量／生産量
資料：BP Amoco『Statistical Review of World Energy 2001』、
　　　OECD/NEA-IAEA『Mineral Commodity Summaries 2001（一部2000）』、
　　　『World Metal Statistics 2001』より環境省作成

図S.2　主要なエネルギー資源・鉱物資源の残余年数　参考文献5）

8 地球温暖化とは

　地球温暖化とは、人間の社会・経済活動などによって温室効果ガスが大気中に大量に放出され、地球全体の平均気温が上昇する現象のことである。20世紀半ば以降から地球規模で気温が上昇し、現在の地球は過去1400年で最も高くなり、私たちが経験したことのない地球環境に変わりつつある（図1.15）。

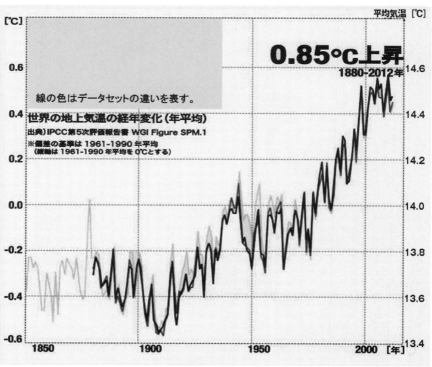

出典：JCCAホームページ「すぐ使える図表集」より

図1.15　世界の地上気温の経年変化（年平均）　参考文献23)

地球温暖化の影響

　地球温暖化は、平均的な気温の上昇のみならず、海水温の上昇による氷河・氷床の縮小や海面水位の上昇のほか、異常高温（熱波）や局地的大雨・短時間強雨・干ばつ（降雨パターンの激変）、台風、竜巻の増強・増加などのさまざまな気候変動もともなっている。その影響は自然環境や人間社会にまで幅広く及んでいる。今後、地球の気温はさらに上昇することが予測され、さらに、温度上昇による凍土の融解や土壌中有機物の分解促進（メタン等の温室効果ガス発生量の増加）、熱波・異常乾燥による森林火災（CO_2発生量の増加）、氷河・氷床の縮小（太陽エネルギー反射量の低減）、異常気象による水不足（砂漠化）など、地球生態系（エコシステム）がなお一層破壊される悪循環によって温暖化の加速化[注]も考えられ、水環境・水資源、自然生態系など自然環境や、農林水産物（食料）、災害、健康、

　地球温暖化による影響は、気温や降雨などの気候要素の変化を受けて、自然環境から人間社会にまで、幅広く及ぶ。

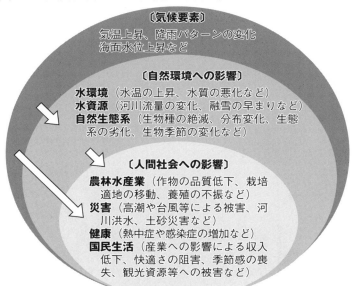

出典：「地球温暖化による影響の全体像」（環境省 地球温暖化影響・適応研究委員会、2008）

図1.16　地球温暖化による影響のメカニズム　参考文献22)

国民生活など人間社会により深刻な影響が生じることが懸念されている（図1.16）。

注）環境ミニセミナー「加速する気候変動（温暖化）…、深刻です！」P.28参照

地球温暖化のメカニズム

　太陽と地球のエネルギー収支の概要は前述の図1.10（P.13）のとおりである。

　太陽からの放射100％（太陽放射）のうち、大気層の物質や地表面によって約30％が反射され、地表及び大気には約70％が吸収される。これが地球生態系のエネルギーとして利用される。また、地球からも宇宙に向かって赤外線が放射される（地球放射）。太陽光より波長が長い赤外線は、大気層の水蒸気（H_2O）や二酸化炭素（CO_2）などに吸収されやすく、ほとんどが吸収されて熱として大気に蓄積され、この熱（赤外線）が再び地表の表面に戻って地表付近の大気を暖める（図1.17）。この現象が温室効果であり、地表付近の温度を一定状態に保ち（平均約14℃）、生物の生息環境を安定的に維持するうえで大変重要な地球生態系の環

大気・地表が吸収した太陽エネルギーと同じ量の赤外線エネルギーが宇宙空間に出て行く

太陽光の約7割が大気・地表で吸収される

温室効果ガス

水蒸気
二酸化炭素
メタン
フロン類…

地表から出て行く赤外線を温室効果ガスや雲が吸収して下向きに戻す：**温室効果**　地球の平均気温を約14℃に保ってくれる。

温室効果がないと−19℃

図1.17　温室効果とは　参考文献20）

24

境保全機能である。なお、この効果はメタン（CH₄）やフロン類などにもあり、これらを温室効果ガスと呼ぶ（表1.1）。

表1.1　温室効果ガスの種類と特徴　参考文献19) 21) 23)

温室効果ガス	地球温暖化係数*	濃度変化		用途・排出源
		工業化以前	2005年	
水蒸気 H_2O	—	1〜3％	1〜3％	—
二酸化炭素 CO_2	1	278 ppm	391 ppm	化石燃料の燃焼、廃棄物の焼却、有機物の分解
メタン CH_4	25	0.7 ppm	1.8 ppm	水田、湿地、廃棄物の埋立、家畜の腸内発酵、天然ガス、有機物の分解
一酸化二窒素 N_2O	298	0.27 ppm	0.32 ppm	工業製造プロセス、化石燃料の燃焼、化学肥料、有機物の分解
フロン類（HFCs など）	1,430など	存在せず	0.24 ppb（HFC-23）	スプレー、エアコンや冷蔵庫などの冷媒、工業製造プロセス、断熱材

＊地球温暖化係数とは、二酸化炭素を１としたときの温室効果の程度を示す値。ここでは、京都議定書第二約束期間における値。
＊ ppm は容積比100万分の１、ppb は10億分の１
＊「IPCC 第５次報告書（2013年）」などを参考に作成

大気中の温室効果ガスが増えると温室効果が強まり、地球の表面の気温が高くなる。これが地球の温暖化である。

地球温暖化の原因は、温室効果ガスの増加

地球に温室効果をもたらしている気体には、水蒸気(H_2O)、二酸化炭素(CO_2)、メタン(CH_4)、一酸化二窒素(N_2O)、フロン類などがある。

温室効果の大半をなしているのが水蒸気であるが、地球上の「水環境」において水はたえず循環しているため、大気中の水蒸気の総量は安定している（P.14の図1.11参照）。

それに対して二酸化炭素は、人間が大気中に排出して地球温暖化に及ぼす影響が最も大きい温室効果ガスである（図1.18）。化石燃料の燃焼、廃棄物の焼却、セメントの生産、及び森林伐採や土地利用の変化などにより大量の二酸化炭素が放出される。二酸化炭素の大気中の濃度は18世紀半ばから上昇を始め、特に数十年

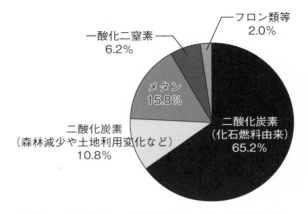

人為起源の温室効果ガスの総排出量に占めるガスの種類別の割合
（2010年の二酸化炭素換算量での数値：IPCC第5次評価報告書より作図）

図1.18　人為起源の温室効果ガス　参考文献20)

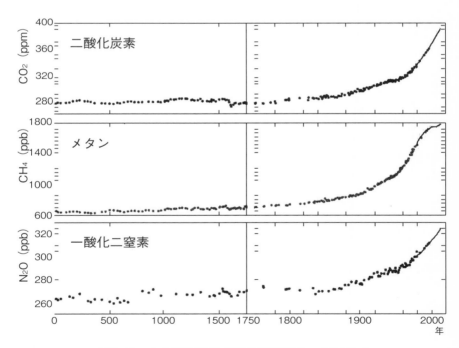

図1.19　主な温室効果ガスの濃度変化　参考文献20)

前頃から急激に増加している（図1.19）。これは、動力の燃料としての化石燃料の大量消費、世界の人口の増加にともなう森林の伐採や土地利用の変化などによるものと考えられる。

　メタンは二酸化炭素に次いで地球温暖化に及ぼす影響が大きい温室効果ガスである。湿地や池、ごみの埋立地、水田などで酸素の少ない状態（嫌気）で有機物が分解される際に発生する。家畜のゲップにもメタンが含まれている。このほか、天然ガスの採掘時や融け出したツンドラ（凍土）からもメタンは発生する。メタンの大気中の濃度は18世紀半ば頃から急激に増加しており、世界の人口の増加にともなう農業や畜産業の活発化や有機物の大量廃棄などによるものと考えられている。メタンの地球温暖化係数（温暖化の能力）は二酸化炭素の25倍と大きい。

　一酸化二窒素は、二酸化炭素、メタンの次に挙げられる温室効果ガスである。海洋や土壌から、あるいは窒素肥料の使用や工業活動にともなって放出され、成層圏で主に太陽光(紫外線)により分解されて消滅する。一酸化二窒素の大気中の濃度もメタンと同様に18世紀半ば頃から急激に増加しており、世界の人口の増加にともなう、農業や畜産業の活発化による窒素肥料の使用の増加、家畜の増加、化石燃料の消費、有機物の大量廃棄などによるものと考えられている。大気中の寿命は121年で二酸化炭素やメタンに比べて長く、その濃度は確実に上昇している。一酸化二窒素の地球温暖化係数（温暖化の能力）は二酸化炭素の298倍と極めて大きい。

　温室効果ガスのフロン類は、炭素と水素の他、フッ素、塩素、臭素などハロゲンを含む化合物の総称であり、その多くは本来自然界には存在しない人工の物質である。これらの中には成層圏のオゾン層を破壊する性質のものもある。大気中濃度は二酸化炭素に比べ100万分の1程度でも単位質量あたりの温室効果が数千倍と大きいため、わずかな増加でも地球温暖化への影響は大きい。また、大気中の寿命が比較的長いことから、その影響は長期間に及ぶ。代表的なハイドロフルオロカーボン類（HFCₛ）は、スプレー、エアコンや冷蔵庫などの冷媒、化学物質の製造プロセスなどで使われ、塩素は含まずオゾン層を破壊しないが強力な温室効果（地球温暖化係数1,430など）がある。

環境ミニセミナー 加速する気候変動(温暖化)…、深刻です!

「安定した気候」や「清浄な空気（酸素供給）」、「おいしい水」などの地球環境は、地球生態系の機能（エコシステム）によって作り出され、適度にバランスが保たれ、これまで維持されてきました。

2019年の世界の平均気温は観測史上2番目か3番目の高さになる、との分析を世界気象機関（WMO）が発表しました。また、2019年までの5年間と10年間の平均気温は、いずれも過去最高が確実と予測しています（2019. 12発表）。

年々上昇する気温による永久凍土の融解や土壌中有機物の分解促進、異常乾燥（熱波）による森林火災、異常気象による水不足（砂漠化）など、地球生態系（エコシステム）がなお一層破壊される悪循環によって気候変動（温暖化）の加速化が考えられます。

気候変動（温暖化）の加速化の要因

▶ 永久凍土の融解

永久凍土が解けると、その下に閉じ込められていた有機物が温められ、分解し、温室効果ガスのメタン（温暖化係数25）や一酸化二窒素（温暖化係数298）、二酸化炭素（温暖化係数1）が放出されます（図S.3及び図S.4参照）。

また、温暖化によって、永久凍土の土壌の深いところに含まれているメタンハイドレートが溶出して、地球生態系（自然界）に取り込まれることが懸念されます。海洋のメタンハイドレートについても同様です。

▶ 有機物の分解促進

温暖化が進むと、多くの微生物の活動が活発化して、生ごみなど有機物の微生物分解(腐敗)が促進します。これにより土壌中の有機物や有機廃棄物など自然界のすべての有機物（バイオマス）の分解が促進し、温室効果ガスのメタン（温暖化係数25）や一酸化二窒素（温暖化係数298）、二酸化炭素（温暖化係数1）の放出量は増加します（図S.3及び図S.4参照）。

▶ 海氷、氷河、氷床、雪氷の融解

温暖化により氷床、氷河、海氷、雪氷が解けてなくなってしまうと、これ

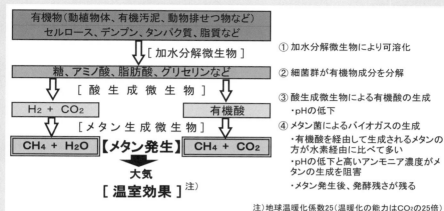

図 S.3　メタン発生のプロセス　参考文献8）

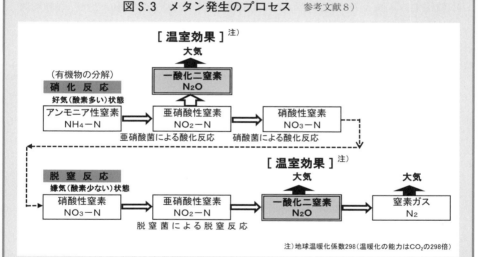

図 S.4　一酸化二窒素発生のプロセス　参考文献8）

らによって反射していた太陽エネルギー分は地表（海洋）に入射して、温暖化は加速します。

▶　森林破壊

　近年、熱波や異常乾燥などによる森林火災が多発しています。また、酸性雨や土地利用変化（乱開発）による森林破壊も進んでいます。森林が破壊さ

れると、二酸化炭素の吸収・固定源を失うとともに、樹木や枝・葉に蓄えられていた二酸化炭素が多量に放出されます。

▶　極端な気候変動による地球生態系の破壊

　異常高温（熱波）や局地的大雨・短時間強雨・干ばつ（降雨パターンの激変）、台風、竜巻の増強・増加など今までにない極端な気候変動によって、多くの生物は適応することができず生きていくことが難しくなり、生態系ピラミッドが崩れてしまいます。その結果、「安定した気候」など地球生態系の機能（エコシステム）に乱れが生じてしまいます。この悪循環により、気候変動は加速化します。

　加速する気候変動（温暖化）は大変深刻です。われわれ人間の今後の行動如何に人類のみならず多くの生物の存亡が懸かっていると言っても過言ではありません。

気候変動とは

気候変動のメカニズム

　地球上で起こるさまざまな気候（天気・気温・降水量・風などの大気状態）は、地球生態系を構成する、太陽からの放射エネルギーと、大気圏、水圏、地圏、生物圏の各圏が相互に影響しあって生じている（図1.20）。

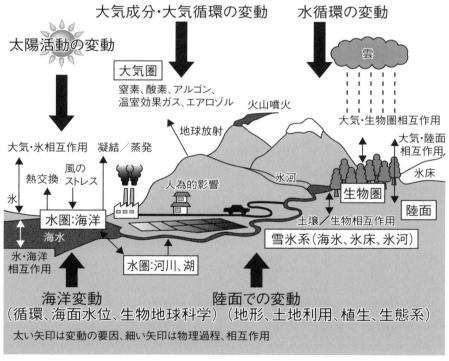

太い矢印は変動の要因、細い矢印は物理過程、相互作用

図1.20　気候変動の概念　参考文献16)

【太陽】

　すべては太陽から始まる。太陽エネルギーが地球に入射し、その一部は再び宇宙に向けて放射されるが、地表及び大気に吸収され熱に変わるものがあり、この熱が大気と海水を動かすエネルギーとなり、それらの変動（流れ）が変化に富む地球の気候を生み出す。

　太陽から放射されるエネルギーの量は太陽活動にともない変動する。近年の変動率は大変小さいことがわかっているが、太陽活動による放射エネルギー量の変動は地球の気候に大きな影響を与える。

【大気圏】

　大気を構成する大部分は窒素（78%）と窒素（21%）で、残り1%がそれ以外のさまざまな気体である。これらの大気中の気体と水蒸気、エアロゾルが熱を吸収し、地表付近の空気を暖めている。この現象が「温室効果」であり、これによって地表付近の温度は一定状態（平均約14℃）に保たれている。かりに、これらの気体がなかったら、地表付近の温度はマイナス19℃くらいまで下がってしまい、多くの生物にとっては寒すぎてしまい、生きていくことが難しい。

　また、赤道付近の大気が暖められて上昇すると、一部が極地域に向かって移動し、上昇して空気が冷え、密度が高くなって下降し、やがて赤道付近に戻って循環する。実際には、陸地の形や大きさが多様であるうえ、地球の自転やさまざまな要素が気団の速度や密度などに影響を与えるため、暖かい空気と冷たい空気の移動の様相は複雑である。暖かい空気と冷たい空気がぶつかるときに天候が変わる。

【水圏】

　太陽のエネルギーは地球の表面の約7割を占める海洋をも暖める。暖められた海水は海流を生み出す。熱帯付近で暖められた表層水（暖水）は極地方に向かって流れ、それにともなって表層には冷たくて密度の高い深層水（寒水）が上がってきて流れ、海流は巨大なコンベヤーのように地球を循環する。この暖かい水と冷たい水の流れ（暖流と寒流）が気候に大きな影響を与える。

また、P.14の図1.11「地球の水循環」に示すように、海洋や湖沼、河川など地球上に存在する水は循環し、この過程で、雲や雨、氷、雪など形態を変えながら大量の熱エネルギーを運搬し、気候要素（気圧・気温・降水量など）を形成する大きな役割を担っている。

【地圏】

地球の陸面部分もさまざまな作用によって、気候に影響を及ぼす。

（例）

▶　海洋の影響を受ける沿岸部に比べ、内陸部は気候の日変化や年変化が大きい。

▶　山地にぶつかった大気は上昇して冷え、大気中に含まれていた水蒸気は凝結して雲になり、雲は雨や雪になって地上に降る。

▶　暗色系の陸面は太陽光を吸収しやすく、氷河や氷原、砂地といった色の淡い陸面は太陽光を反射しやすいため、この吸収と反射の熱エネルギーが気候要素（気温、降水量等）に影響を与える。

▶　社会・経済などの人間の活動にともなう温室効果ガスや熱エネルギーの排出は、温暖化やヒートアイランド現象などにより気候要素（気温、降水量等）に影響を与える。

▶　火山噴火によるエアロゾル（煙など大気中の微粒子）の放出は太陽光を遮るなど気候（天候、気温等）に影響を及ぼす。

【生物圏】

生物圏の植生分布や、食物連鎖、炭素・窒素貯留、水収支などの生態系機能も直接的、あるいは間接的に気候要素に大きな影響を与える。

（例）

▶　生態系の食物連鎖（生産者・消費者・分解者）の活動にともない、二酸化炭素（CO_2）やメタン（CH_4）、一酸化二窒素（N_2O）などの温室効果ガスを発生する。

▶　森林生態系には二酸化炭素（CO_2）を樹木や有機土壌などに形を変えて蓄

積する炭素固定という働きがあり、森林が破壊されると蓄積されていた二酸化炭素（CO_2）が大気中に大量に放出される。

▶ 気温の上昇や空気の乾燥にともない、土壌中の水分や植物（葉、枝、幹、根など）に付着した水分が蒸発し、蒸発の潜熱が周辺の空気の熱を吸収（冷却）する。

▶ 樹木を中心とした緑化は、一定程度の太陽光を反射し、また伝導熱を抑制し、この熱収支が周辺の気候要素に影響を与える。

気候変動とその脅威

前述のように、さまざまな気候（天気・気温・降水量・風などの大気状態）は、さまざまな要因によって生じ、さまざまな時間的スケールで変動する。

気候変動の要因には、自然の要因と人為的な要因がある。自然の要因には、大気自身に内在するもののほか、海洋の変動、火山の噴火によるエアロゾル（大気中の微粒子）の増加、太陽活動の変化などがある。一方、人為的な要因には、人間活動にともなう二酸化炭素などの温室効果ガスの増加、森林破壊や土地利用の変化などがある。二酸化炭素などの温室効果ガスの増加は地上気温を上昇させ、森林破壊などの植生の変化は二酸化炭素の増加ほか、水の循環や地球表面の熱収支（太陽光の反射など）に影響を及ぼす。

近年、化石燃料の大量消費、世界の人口の増加にともなう森林の伐採や土地利用の変化などにより、大気中の二酸化炭素濃度が急激に増加して、地球温暖化に対する懸念が強まっている。

地球温暖化にともなう地表及び大気の熱エネルギー量の増加によって、異常高温（熱波）や局地的大雨・短時間強雨・干ばつ（降雨パターンの激変）、台風、竜巻の増強・増加など、気候変動の「頻度」と「大きさ」は拡大する。そして、今までにない極端な気候変動によって、地球生態系のバランスは崩れ、多くの生物は適応することができず生きていくことが難しくなる。人間も、洪水・高潮・土砂崩落など自然災害の頻発や、健康（熱中症、感染症など）への影響、水・食糧・生物資源の枯渇などによって、生存の危機に直面することになる。

10 　“気候変動”は、地球生態系の乱れ…不健全化

　前述の7「地球生態系の機能（恵み）」（P.18）のように、私たちの暮らしは地球生態系の機能（恵み）によって支えられている。しかしながら、近年の急激な人口増加や大量生産（化石燃料など大量採取）、大量消費、大量廃棄型の人間の社会・経済活動によって、地球生態系における水、炭素、窒素などの物質循環やエネルギー収支に変化が生じ、その結果、「安定的な気候」などの地球生態系の機能（恵み）に乱れが生じている。

　人間も生態系を構成する一員であり、生態系に支えられているとともに、人間の活動は生態系にさまざまな影響を及ぼす。人間の活動と地球生態系の関わりの強さは、地球生態系に廃棄する物質（廃棄物）と地球生態系から摂取する物質（資源物）の量と質による（図1.21）。

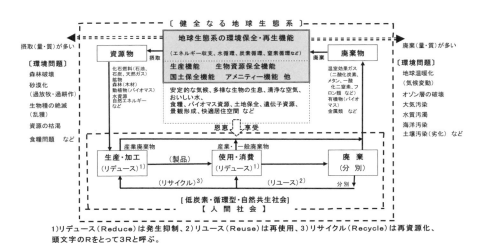

1)リデュース（Reduce）は発生抑制、2)リユース（Reuse）は再使用、3)リサイクル（Recycle）は再資源化、頭文字のRをとって3Rと呼ぶ。

図1.21　人間社会と地球生態系の関わり

地球生態系における物質循環やエネルギー収支が損なわれない自己保全・再生の許容の範囲であれば、人間の諸活動にともなって温室効果ガスや有機物（バイオマス）などを廃棄したり、水や森林（木材）、有機物などの資源を摂取しても、地球生態系の環境保全・再生機能の破壊は起こらない。しかしながら、近年の急激な人口増加と大量生産（化石燃料など大量採取）、大量消費、大量廃棄型の社会・経済活動にともない、（1）温室効果ガスや有機物（バイオマス）の排出量（廃棄量）の増加、（2）森林伐採や土地利用の変化、（3）自己保全（浄化）されにくいフロン、PCB、農薬などの化学物質やプラスチック類の排出、（4）生態系ピラミッド（自然環境）の破壊、などによって地球生態系への負荷が増大し、地球生態系の環境保全・再生機能が対応しきれなくなってしまい、物質循環やエネルギー収支のバランスに乱れが生じ、地球温暖化や気候変動、オゾン層破壊、大気汚染、海洋汚染などの地球規模の環境問題をもたらしている。近年の気候変動などの地球環境問題は、地球生態系の乱れ…不健全化の問題である。

11

それでは、どうしたらよいのか？…緩和と適応
―"気候変動"問題解決のための「地球生態系の保全対策」―

　前述10のように、現在直面する地球温暖化や気候変動などの地球環境問題は、人間の諸活動（量と質）によってもたらされた地球生態系の乱れ…不健全化の問題である。

　「それでは、どうしたらよいのか？」

　近年の"気候変動"問題を解決し、持続可能な社会を実現するためには、健全な地球生態系を確保することが重要となる。

地球生態系の保全対策

　地球生態系の保全対策として最も大切なことは「自然との共生」である。人間も生態系を構成する一員であり、生態系全体によって支えられているとともに人間の活動が生態系全体に大きな影響を与える。このことをしっかり認識して社会・経済システムや生活スタイルを見直し、地球生態系への負荷を低減して自然とともに生きることである。

　"気候変動"問題解決のための具体的な「地球生態系の保全対策」としては、「1．地球生態系への負荷の低減（"気候変動"緩和）」を図り、「2．不健全な地球生態系の修復と健全で恵み豊かな地球生態系の創出（"気候変動"緩和と適応）」を推進することが重要となる。

1．地球生態系への負荷の低減（"気候変動"緩和）

　"気候変動"問題に関係する物質・エネルギー（温室効果ガス、エアロゾル、有機物、有害化学物質、水、熱など）の地球生態系における循環のメカニズムを把握したうえで[注1)]、図1.21「人間社会と地球生態系の関わり」（P.35）に示す地球生態系から摂取する物質（資源物）と地球生態系に廃棄する物質（廃棄物）の収支を予測[注2)]して、地球生態系の環境保全・再生能力の許容範囲を超える摂取や

廃棄はしないよう人間社会における物質とエネルギーの循環率を高め、地球生態系への負荷の低減を図る。これにより“気候変動”が緩和され、安定的な気候や多様な生物の生息を可能にする健全な地球生態系を確保することができる。人間にとっては地球生態系の豊かな恵みを享受し（P.19の図1.14を参照）、持続可能な社会を実現することが可能となる。

基本的な対策

a） 人為起源の温室効果ガス（P.26の図1.18を参照）のうちで、地球の温暖化や気候変動に及ぼす影響が最も大きい二酸化炭素の排出源となる石炭、石油などの化石燃料の消費を削減する。対応策としては、省エネルギーや再生可能エネルギー利用の促進などがある。

b） 二酸化炭素のもう一つの大きな排出源である「森林減少や土地利用の変化」への対策として、乱開発や酸性雨などによる森林破壊を防止する。また、過耕作、過放牧、過剰施肥、焼畑などは控え、環境保全・循環型の農・畜産業を推進する。

c） 有機物（バイオマス）の廃棄・分解にともなう二酸化炭素やメタン、一酸化二窒素などの温室効果ガスの発生を抑えるため、循環型社会（リデュース、リユース、リサイクル）の構築を推進する。

d） 過剰な温室効果ガス、有害化学物質（農薬、PCB、フロン類等）、放射性物質など、地球生態系における物質循環に適応しない、あるいはメカニズムが不明瞭な物質は使用（廃棄）しない。

2．不健全な地球生態系の修復と健全で恵み豊かな地球生態系の創出
（“気候変動”緩和と適応）

地球生態系における水、炭素、窒素などの物質循環やエネルギー収支が円滑に行われることで、多様な生物が生息するのに必要な安定的な気候や清浄な空気、おいしい水など、健全で恵み豊かな環境が保障される。したがって、森林破棄や砂漠化、海洋汚染[注3]や生物の乱獲など、人間の活動によって地球生態系の物質循環やエネルギー収支が損なわれている不健全化の関係（図1.22）を明確にして、それに沿って、不健全な地球生態系の修復と健全で恵み豊かな地球生態系の

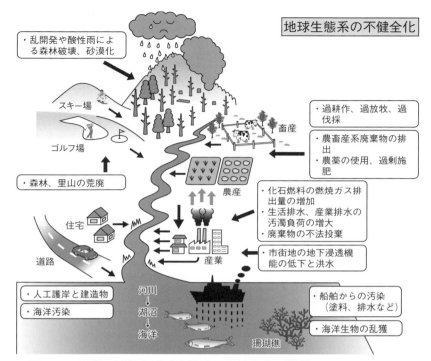

・乱開発や酸性雨による森林破壊、砂漠化

スキー場

ゴルフ場

・森林、里山の荒廃

住宅

道路

・過耕作、過放牧、過伐採

畜産

・農畜産系廃棄物の排出
・農薬の使用、過剰施肥

農産

・化石燃料の燃焼ガス排出量の増加
・生活排水、産業排水の汚濁負荷の増大
・廃棄物の不法投棄

・市街地の地下浸透機能の低下と洪水

産業

・人工護岸と建造物

・海洋汚染

河川
↓
湖沼
↓
海洋

珊瑚礁

・船舶からの汚染
　（塗料、排水など）

・海洋生物の乱獲

図1.22　人間の活動と地球生態系の不健全化の関係　参考文献12) 13) 19)

創出のための対策を講じ、人間の諸活動と地球生態系の調和を図ることが重要となる。これにより、"気候変動"が緩和されるとともに、既に起こりつつある、または予想される"気候変動"の悪影響にも適応することが可能となる。

基本的な対策

a）　森林の造成・保全、及び熱帯雨林の保全の促進を図る。

b）　砂漠化の防止、及び植林の促進を図る。

c）　海洋生物（サンゴ類、原生動物、軟体動物、甲殻類、脊椎動物など）による炭酸カルシウム（$CaCO_3$）の形成の促進を図る。

d）　野生生物の繁殖・成長が保障される生息環境の保全・修復・創出の促進を図り、多様な生物による健全な生態系ピラミッドの構築を推進する。

e）　既に起こりつつある、または予想される"気候変動"に対して、自然・人

間・社会・経済システムを調整することにより人間の諸活動と地球生態系の調和を図り、気候変動の悪影響を軽減・回避する（または温暖化の好影響を増長させる）。例えば、農業分野の「高温による生育障害や品質低下」の悪影響に対しては「高温耐性品種の開発・普及の推進」、また、自然災害分野の「水害や土砂災害」の悪影響に対しては「森林の整備・保全（水源涵養・土地保全)」、などである。

注１）地球生態系における物質循環のメカニズムが不明瞭な物質・エネルギーは使用（廃棄・摂取）しないことを原則とする。

注２）環境問題の原因となる物質は、他の物質やさまざまな生物と関連しあっているので、全体観にたって総合的に予測することが必要。また、生物反応など反応速度が遅い場合もあり、経時的・長期的に判断することも必要。

注３）例として、環境ミニセミナー「マイクロプラスチック汚染とは…、生態系への影響、その対策」（P.41）を参照。

環境ミニセミナー マイクロプラスチック汚染とは…、生態系への影響、その対策

マイクロプラスチック汚染

　河川や湖沼、海に行くと、流木や水草などに混じって、プラスチック製の製品や容器、レジ袋など多くのプラスチックごみを目にします(写真S.1、写真S.2)。

写真 S.1　プラスチックごみ

写真 S.2　プラスチック汚染

　これらのプラスチックごみは、太陽光や熱、環境中の化学物質などによって、もろく砕けやすくなります。そして、水の流れにともない河川、湖沼から海域に移動し、この過程で、波にもまれたり砂礫などに接触して砕けて、より細かくなります。その中で、動植物プランクトンのように小さなプラスチックのごみ（直径5㎜以下）注1) を「マイクロプラスチック」と呼んでいます。マイクロプラスチックには、上述のような自然環境中で破砕・細分化されたもののほかに、洗顔料・歯磨き粉等に含まれるマイクロビーズのようなマイクロサイズで製造されたプラスチックもあります。

　流木や藻類は、微生物などの働きでやがては分解され、二酸化炭素や水などになって自然界に戻っていきますが、プラスチックごみは、いくら小さくなっても

分解や蒸発してなくなることはなく、最終的にたどり着いた海域で存在し続けます。しかも、小さなプラスチックは、海の生き物がえさと間違えて食べてしまうことがあり、海の生態系への影響が懸念されています。

生物への影響

　プラスチックはさまざまな物質を付着（吸着）しやすいため、海に漂流している間に、海に溶け込んでいる有害物質も付着（吸着）します。また、人間が作り出したプラスチックそのものに有害な物質が添加（塗布）されていることもあります。マイクロプラスチックが図1.6（P.8）に示す海洋生態系の食物連鎖に取り込まれれば、それと同時に有害物質も取り込まれて、分解しにくい有害物質は生物濃縮によって蓄積し、海の生物全体にマイクロプラスチック汚染が高濃度で広がってしまいます。また、生物が栄養のないマイクロプラスチックを食べて満腹状態になれば、発育不良で生きていくことができません。このように、マイクロプラスチック汚染はさまざまな生物にさまざまな障害を起こします。

　実際に、魚や貝、水鳥などの体内からプラスチックや、そこから溶けだしたと見られる有害物質が見つかっています。

対策

　世界経済フォーラム年次総会（通称ダボス会議2016）では、海洋ごみに関する報告書が発表され、「世界のプラスチックの生産量は1964年〜2014年の50年で20倍以上に急増（1,500万から３億1,100万ｔ）し、今後20年間でさらに倍増する見込みであり、毎年少なくとも800万ｔ分のプラスチックが海に流出し、海のプラスチックの量は2050年までには魚の量を上回ると試算（重量ベース）し、海など自然界への流出を防ぐ対策の強化が急務である」と指摘しています。

　マイクロプラスチック汚染の対策で最も重要なことは、人間社会におけるプラスチック類の３R（リデュース、リユース、リサイクル）を推進して循環率を高め、自然環境への廃棄を抑制し、生態系への負荷の低減を図ることです（⑪　P.37を参照）。また、生態系における物質循環のメカニズムが不明瞭なプラスチック類は使用（廃棄）しないことや、自然環境（農林水産・土木建築資材や野外活

動など）で使用する場合は生分解プラスチック^{注2)}を利用することも重要になります。

注1）「マイクロ」は「100万分の1」のこと。1マイクロ・メートルは100万分の1メートル、すなわち1000分の1ミリ・メートルのこと。ここでは直径5ミリ・メートルより小さなプラスチックごみをマイクロプラスチックとしている。どれくらいの大きさまでをマイクロプラスチックに分類するかは、研究者によって違いがある。海洋プラスチックごみ問題は地球規模的課題であり、今後、国際的な連携を強化し、マイクロプラスチックの測定方法（採取ネットの網の目の大きさ等）の共通化などの取り組みが急務となっている。

注2）生分解プラスチックは、一般的には「使用するときには従来のプラスチック同様の性状と機能を維持しつつ、使用後は自然界の微生物などの働きによって生分解され、最終的には水と二酸化炭素に変換されるプラスチック」と定義づけられている。

2章

気候変動の影響と対策 （緩和と適応）

　1章では、"気候変動"問題解決のカギ「地球生態系」について学び、深刻な"気候変動"問題を解決し持続可能な社会を実現するためには、人類生存の基盤である地球生態系に戻って"気候変動"を考え、健全で恵み豊かな地球生態系の創出（地球生態系の保全対策）を強く推進することが重要であることを確認した。

　本章では、①気候変動対策の動向（世界と日本）、②気候変動対策の方法（緩和と適応）、③持続可能な社会実現のための気候変動対策、④気候変動の影響と適応策（基本的考え方）をとりあげ、世界と日本の気候変動対策の動向、対策の体系（緩和と適応）、及び現状における気候変動の分野別影響（世界・日本）の概要と適応策の基本的な考え方について学ぶ。

気候変動対策の動向（世界と日本）

世界の動向

【IPCC 報告書】

　気候変動に関する政府間パネル（環境ミニセミナー「IPCC とは」P.49を参照）の第5次評価報告書（AR5）には、次の内容が示されている。

- a）気候システムの温暖化には疑う余地がなく、また1950年代以降、観測された変化の多くは数十年から数千年間にわたり前例のないものである。大気と海洋は温暖化し、雪氷の量は減少し、海面水位は上昇している。

- b）人為起源の温室効果ガスの排出が、20世紀半ば以降に観測された温暖化の支配的な原因であった可能性が極めて高い。

- c）ここ数十年、気候変動は、すべての大陸と海洋にわたり、自然及び人間システムに影響を与えている。

- d）1950年頃以降、多くの極端な気象及び気候現象の変化が観測されてきた。これらの変化の中には人為的影響と関連付けられるものもあり、その中には極端な低温の減少、極端な高温の増加、極端に高い潮位の増加、及び多くの地域における強い降水現象の回数の増加が含まれる。

- e）温室効果ガスの継続的な排出は、更なる温暖化と気候システムのすべての要素に長期にわたる変化をもたらす。これにより、人々や生態系にとって深刻で広範囲にわたる不可逆的な影響を生じる可能性が高まる。気候変動を抑制する場合には、温室効果ガスの排出を大幅かつ持続的に削減する必要があり、適応[注1]と併せて実施することで、気候変動のリスクの抑制が可能となるだろう。

- f）21世紀終盤及びその後の世界平均の地表面の温暖化の大部分は二酸化炭素の累積排出量によって決められる。

- g）1850～1900年平均と比較した今世紀末（2081～2100年）における世界平均

地上気温の変化は、温室効果ガスの排出を抑制する追加的努力のないシナリオでは2℃を上回って上昇する可能性が高く、厳しい緩和シナリオでは2℃を超える可能性は低い。

h）工業化以前と比べて温暖化を2℃未満に抑制する可能性が高い緩和経路は複数あるが、21世紀にわたって2℃未満に維持できる可能性が高いシナリオでは、世界全体の人為起源の温室効果ガス排出量が2050年までに2010年と比べて40％から70％削減され、2100年には排出水準がほぼゼロまたはそれ以下になるという特徴がある。

i）2030年まで追加的緩和が遅れると、21世紀にわたり工業化以前と比べて気温上昇を2℃未満に抑制することに関連する課題がかなり増えることになる。その遅れによって、2030年から2050年にかけて、かなり速い速度で排出を削減し、この期間に低炭素エネルギーをより急速に拡大し、長期にわたって二酸化炭素除去（CDR）技術[注2]に大きく依存し、より大きな経済的影響が過渡的かつ長期に及ぶことが必要になる。

j）適応及び緩和は、気候変動のリスクを低減し管理するための相互補完的な戦略である。今後数十年間の大幅な排出削減は、21世紀とそれ以降の気候リスクを低減し、効果的に適応する見通しを高め、長期的な緩和費用と課題を減らし、持続可能な開発のための気候にレジリエントな（強靱な）経路に貢献することができる。

k）多くの適応及び緩和の選択肢は気候変動への対処に役立ち得るが、単一の選択肢だけでは十分ではなく、これらの効果的な実施は、全ての規模での政策と協力次第であり、他の社会的目標に適応や緩和がリンクされた統合的対応を通じて強化され得る。

【持続可能な開発目標（SDGs）】

　2015年9月には、持続可能な世界を実現するための17のゴールと169のターゲットから構成される「持続可能な開発目標（SDGs）」が国連サミットにおいて採択され、気候変動は、持続可能な開発に対する最大の課題の1つに位置づけされた（環境ミニセミナー「SDGs（持続可能な開発目標）」P.50を参照）。

ゴール13には「気候変動とその影響に立ち向かうため、緊急対策を取る」があり、次のターゲットが示されている。

13.1　すべての国々において、気候変動に起因する危険や自然災害に対するレジリエンス及び適応力を強化する。

13.2　気候変動対策を国別の政策、戦略及び計画に盛り込む。

13.3　気候変動の緩和、適応、影響軽減、及び早期警告に関する教育、啓発、人的能力及び制度機能を改善する。

13.a　重要な緩和行動や実施における透明性確保に関する開発途上国のニーズに対応するため、2020年までにあらゆる供給源から年間1,000億ドルを共同動員するという、国連気候変動枠組条約（UNFCCC）の先進締約国によりコミットメントを実施し、可能な限り速やかに資本を投下してグリーン気候基金を本格始動させる。

13.b　女性、若者、及び社会的弱者コミュニティの重点化などを通じて、後発開発途上国における気候変動関連の効果的な計画策定や管理の能力を向上するためのメカニズムを推進する。

【パリ協定】

　2015年11月にフランス・パリで開催されたCOP21（気候変動枠組条約第21回締約国会議）では、全ての国が参加する公平で実効的な2020年以降の法的枠組みの採択を目指した交渉が行われ、その成果として「パリ協定」が採択された。パリ協定では、気温上昇を2℃より十分低く保持すること、1.5℃に抑える努力を追求すること等を目的とし、この目的を達成するよう、世界の排出のピークをできる限り早くするものとし、人為的な温室効果ガスの排出と吸収源による除去の均衡を今世紀後半に達成するために、最新の科学に従って早期の削減を目指すとされている。

　このように、IPCC報告書（AR5）及びパリ協定などにより、21世紀にわたって温暖化を2℃未満に抑制すること[注3]、そのために2030年までに、2050年にかけて、温室効果ガスの排出を大幅に削減し、今世紀末にはゼロにすること、また、

温暖化対策に関する適応及び緩和は気候変動のリスクを低減し管理するための相互補完的な戦略として有効であるが、多くの適応及び緩和の選択肢は単一だけでは十分ではなく、すべての政策と協力して、他の社会的目標に適応や緩和をリンクさせた統合的な対応が重要であること、などが世界共通の目標となり、認識すべきこととなった。

注1) 適応は「現実の又は予想される気候及びその影響に対する調整の過程。人間システムにおいて、適応は危害を和らげ又は回避し、もしくは有益な機会を活かそうとする。一部の自然システムにおいては、人間の介入は予想される気候やその影響に対する調整を促進する可能性がある。」とされている。

注2) 二酸化炭素除去（CDR）技術とは、①天然の炭素吸収源を増大させる、②化学工学を用いて二酸化炭素を大気中から直接除去する一連の技術である。

注3) 2018年10月韓国で開催されたIPCC第48回総会にて「1.5℃の地球温暖化」と題した特別報告書が発表された。早ければ2030年には1.5℃に達する可能性を指摘し、猛暑や豪雨などの「極端気候」が増え続けると警告し、目標を「2℃未満」ではなく1.5℃に抑えることが望ましいとしている。

環境ミニセミナー IPCCとは

IPCC（気候変動に関する政府間パネル：Intergovernmental Panel on Climate Change）は、人為起源による気候変化、影響、適応及び緩和方策に関し、科学的、技術的、社会経済学的な見地から包括的な評価を行うことを目的として、1988年に世界気象機関（WMO）と国連環境計画（UNEP）により設立された組織です。総会と3つの作業部会及び温室効果ガス目録に関するタスクフォート（特別チーム）により構成されています（図S.5）。

各国政府（195ヶ国）を通じて推薦された科学者が参加して、5〜6年ごとにその間の気候変動に関する科学研究から得られた最新の知見を評価し、評価報告書としてまとめ、公表されています。国際的な対策に科学的根拠を与える重みのある文書となるため、報告書は国際交際に強い影響力を持ちます。

これまで、第1次報告書（1990年）、第2次報告書（1995年）、第3次報告書（2001年）、第4次報告書（2007年）、第5次報告書（2013〜2014年）が公表されて

います。

　2007年の第４次評価報告書を発表した際には、IPCCとアル・ゴア元米国副大統領がノーベル平和賞を受賞し、話題となりました。人為的な気候変化に関する広い知識の確立と普及、その変化に対処する必要手段の基礎を築き、地球温暖化に警鐘を鳴らすなどの功績が評価されたものです。

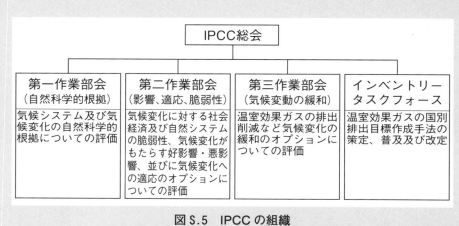

図S.5　IPCCの組織

環境ミニセミナー　SDGs（持続可能な開発目標）

　「SDGs（エスディージーズ）」という言葉は、最近、新聞やテレビなどで度々報道され、産業・経済界や世間一般でも話題に上がるようになりました。

　「SDGs（エスディージーズ）」とは、「Sustainable Development Goals（持続可能な開発目標）」の略称であり、2015年９月に開かれた「国連持続可能な開発サミット」で採択された「持続可能な開発のための2030アジェンダ」にて記載された2016年から2030年までの国際社会共通の目標です。

　SDGsは「17の目標」と「169のターゲット（具体目標）」で構成されています（図S.6）。

2015年に新たに策定されたSDGsは、貧困や飢餓、健康と福祉、教育、水環境などの諸問題から、エネルギーや経済成長、気候変動、生物多様性などのビジョンや課題に至るまで、地球上の誰一人として取り残さないことを目指し、先進国と途上国が一丸となって達成すべき「持続可能な開発のための目標」で構成されているのが特徴です。

　本書に関しての「"気候変動"適応策」は、SDGsの目標13「気候変動対策及びその影響を軽減するための緊急対策を講じる」を目指した取り組みになります。これに加え、SDGsの目標1の「貧困」、2の「飢餓」、3の「健康」、6の「安全な水」、7の「エネルギー」、11の「住む」、14の「豊かな海」、15の「豊かな陸」など、「"気候変動"適応策」はさまざまな分野と関連しています。身近な生活や地域社会等において、持続可能性に関わる課題の観点を踏まえた気候変動適応策を講じることで、結果的に多くの面でSDGsの推進に貢献することが期待されます（シンクグローバリー・アクトローカリー）。

図S.6　SDGs「17の目標」 参考文献3）

日本の動向

　1998年10月、温暖化対策を目的とした我が国最初の法律である「地球温暖化対策の推進に関する法律」（以下「地球温暖化対策推進法」）が公布成立した。2016年５月には、「地球温暖化対策推進法」及び「パリ協定を踏まえた地球温暖化対策の取組方針」（平成27年12月地球温暖化対策推進本部決定）に基づき、「地球温暖化対策計画」が策定された。

　また、温室効果ガスの削減を進めても世界の平均気温が上昇すると予測し、気候変動の影響に対処するためには、「適応」を進めることが必要であり、気候変動によるさまざまな影響に対し、政府全体として、全体で整合のとれた取り組みを総合的かつ計画的に推進するため、「気候変動の影響への適応計画」が平成27年11月に閣議決定された。平成30年６月には、「気候変動適応法」が公布され、我が国における適応策の法的位置づけが明確になり、国、地方公共団体、事業者、国民が連携・協力して適応策を推進するための法的仕組みが整備された。

　気候変動対策の緩和策と適応策は相互補完的な関係であり、「地球温暖化対策推進法」と「気候変動適応法」の二つを礎にし、各計画に沿って、気候変動対策を推進していくことになる。

　「地球温暖化対策計画」及び「気候変動の影響への適応計画」の概要は次のとおりである。

【地球温暖化対策計画】

　１．概要

　　温室効果ガスの排出抑制及び吸収の量の目標、事業者、国民等が講ずべき措置に関する基本的事項、目標達成のために国、地方公共団体が講ずべき施策等の内容が示されている。

　（１）温室効果ガス削減目標

- 2020年度に2005年度比3.8%減以上

- 2030年度に2013年度比で26.0%減（内訳は表2.1を参照）

- 2050年に80%減（長期的な目標）

表2.1　排出抑制・吸収の量に関する目標の内訳 参考文献2）

	2013年度実績 （百万 t－CO₂）	2030年度目安	
		排出量 （百万 t－CO₂）	削減率 （2013年度比）
エネルギー起源CO_2	1,235	927	▲25%
産業部門	429	401	▲ 7%
業務その他部門	279	168	▲40%
家庭部門	201	122	▲39%
運輸部門	225	163	▲28%
エネルギー転換部門	101	73	▲28%
その他※	173	152.4	▲12%
各部門の削減目標の計（A）	1,408	1,079	▲23.4%
吸収源による2030年度吸収量の目安（B）		▲37.0	▲2.6%
A＋B	1,408	1,042	▲26.0%

※非エネルギー起源CO_2、メタン（CH_4）、一酸化二窒素（N_2O）、代替フロン等（HFCs、PFCs、SF₆、NF₃）

（2）計画期間

- 2016年5月13日から2030年度末まで

（3）進捗管理

- 毎年進捗点検、少なくとも3年ごとに計画見直しを検討

2．目標達成のための主な対策・施策

○産業部門

- 産業界における自主的取り組みの推進
- 省エネルギー性能の高い設備・機器の導入促進
- 徹底的なエネルギー管理の実施（エネルギーマネジメントシステムの利用など）

○業務その他部門

- 建築物の省エネ化
- 省エネルギー性能の高い設備・機器の導入促進（LED、トップランナー制度など）
- 徹底的なエネルギー管理の実施（エネルギーマネジメントシステムの利用、省エネ診断など）

- エネルギーの面的利用の拡大

○家庭部門

- 国民運動の展開（クールビズなど）
- 住宅の省エネ化（新築省エネ基準適合義務化、既存省エネ改修）
- 省エネルギー性能の高い設備・機器の導入促進（LED、家庭用燃料電池など）
- 徹底的なエネルギー管理の実施（エネルギーマネジメントシステム、スマートメーターの利用など）

○運輸部門

- 自動車単体対策（EV、FCV など次世代自動車）
- 道路交通流対策
- 環境に配慮した自動車使用等の促進による自動車運送事業等のグリーン化
- 公共交通機関及び自転車の利用促進
- 低炭素物流の推進

○エネルギー転換部門

- 再生可能エネルギーの最大限の導入（固定価格買取制度、系統整備など）
- 電力分野の二酸化炭素排出源単位の低減（火力発電の高効率化など）
- 石油製品製造分野における省エネルギー対策の推進

○その他温室効果ガス及び温室効果ガス吸収源対策

- 非エネルギー起源 CO_2、CH_4、N_2O、代替フロン等の削減対策
- 森林吸収源対策
- 農地土壌炭素吸収源対策
- 都市緑化等の推進

３．目標達成への方途[注]

（１） 省エネルギーによるエネルギー需要の抑制

（２） 低炭素・脱炭素エネルギーへの変換

（３） 森林等吸収源対策

（4） 非エネルギー起源 CO_2、CH_4、N_2O、代替フロン等の削減対策

注）本書としての目標達成への方途（例）を図2.1に示した。

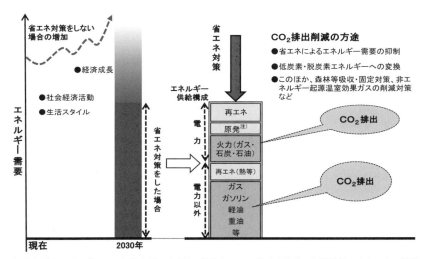

注）本書「生態系に学ぶ！"気候変動"適応策と技術」では、地球生態系の物質循環に適応しない物質（ここでは、放射性物質や過剰な CO_2 など）は使用・排出しないことを原則としているため、現状において上記方途（例）は暫定的なものになる。

図2.1　目的達成への方途（例） （参考文献5）をもとに作成）

【気候変動の影響への適応計画】

１．基本的考え方

（１） 目指すべき社会の姿

気候変動の影響への適応策の推進により、当該影響による国民の生命、財産及び生活、経済、自然環境等への被害を最小化あるいは回避し、迅速に回復できる、安全・安心で持続可能な社会の構築。

（２） 対象期間

21世紀末までの長期的な展望を意識しつつ、今後おおむね10年間。

（3）　基本戦略
- 政府施策への適応の組み込み
- 科学的知見の充実
- 気候リスク情報等の共有と提供を通じ理解と協力の促進
- 地域での適応の推進
- 国際協力・貢献の推進

（4）　基本的な進め方
- 観測・監視や予測を行い、気候変動影響評価を実施し、その結果を踏まえ適応策の検討・実施を行い、進捗状況を把握し、必要に応じ見直す。このサイクルを繰り返し行う。
- おおむね5年程度を目途に気候変動影響評価を実施し、必要に応じて計画の見直しを行う。

2．分野別施策

○農業、森林・林業、水産業

　　影　　響：高温による一等米比率の低下や、りんご等の着色不良　等

　　適応策：水稲の高温耐性品種の開発・普及、果樹の優良着色系品種等への転換　等

○水環境・水資源

　　影　　響：水温、水質の変化、無降水日数の増加や積雪量の減少による渇水の増加　等

　　適応策：湖沼への流入負荷量低減対策の推進、渇水対応タイムラインの作成の促進　等

○自然生態系

　　影　　響：気温上昇や融雪時期の早期化等による植生分布の変化、野生鳥獣分布拡大　等

　　適応策：モニタリングによる生態系と種の変化の把握、気候変動への順応性の高い健全な生態系の保全と回復　等

○自然災害・沿岸域

　　影　　響：大雨や台風の増加による水害、土砂災害、高潮災害の頻発化・

　　　　　　激甚化　等

　　適応策：施設の着実な整備、設備の維持管理・更新、災害リスクを考慮
　　　　　　したまちづくりの推進、ハザードマップや避難行動計画策定の
　　　　　　推進　等

○健康

　　影　響：熱中症増加、感染症媒介動物分布可能域の拡大　等

　　適応策：予防・対処法の普及啓発　等

○産業・経済活動

　　影　響：企業の生産活動、レジャーへの影響、保険損害の増加　等

　　適応策：官民連携による事業者における取組促進、適応技術の開発促進
　　　　　　　等

○国民生活・都市生活

　　影　響：インフラ・ライフラインへの被害　等

　　適応策：物流、鉄道、港湾、空港、道路、水道インフラ、廃棄物処理施
　　　　　　設、交通安全施設における防災機能の強化　等

3．基盤的・国際的施策

（1）　観測・監視、調査・研究

　　●　地上観測、船舶、航空機、衛星等の観測体制充実

　　●　モデル技術やシミュレーション技術の高度化　等

（2）　気候リスク情報等の共有と提供

　　●　気候変動適応情報にかかるプラットフォームの検討　等

（3）　地域での適応の推進

　　●　地方公共団体における気候変動影響評価や適応計画策定を支援する
　　　　モデル事業実施、得られた成果の他の地方公共団体への展開　等

（4）　国際的施策

　　●　開発途上国への支援（気候変動影響評価や適応計画策定への協力等）

　　●　アジア太平洋適応ネットワーク（APAN）等の国際ネットワークを
　　　　通じた人材育成等への貢献　等

② 気候変動対策の方法（緩和と適応）

気候変動対策の体系

　IPCC の第 5 次評価報告書では、「適応及び緩和は、気候変動のリスクを低減し管理するための相互補完的な戦略であり、……持続可能な開発のための気候にレジリエントな（強靭な）経路に貢献することができる」（前述の j ）として、適応策と緩和策の重要性を指摘している。また、気候変動のリスク低減の対策は大別して適応策と緩和策があるが、この 2 つの対策は単一の選択肢では十分ではなく、「すべての規模での政策と協力次第であり、他の社会的目標に適応や緩和がリンクされた統合的対応を通じて強化され得る」（前述 k ）として、統合的な対応が重要であることを指摘している。

　このような IPCC の指摘を踏まえ、気候変動対策の体系を図2.2に示した。

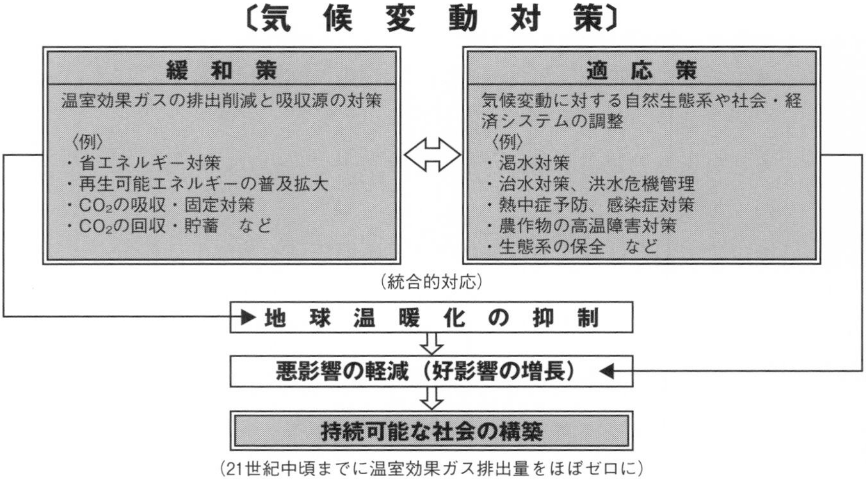

〔気候変動対策〕

緩和策	適応策
温室効果ガスの排出削減と吸収源の対策	気候変動に対する自然生態系や社会・経済システムの調整
〈例〉 ・省エネルギー対策 ・再生可能エネルギーの普及拡大 ・CO₂の吸収・固定対策 ・CO₂の回収・貯蓄　など	〈例〉 ・渇水対策 ・治水対策、洪水危機管理 ・熱中症予防、感染症対策 ・農作物の高温障害対策 ・生態系の保全　など

（統合的対応）

▶ 地 球 温 暖 化 の 抑 制

悪影響の軽減（好影響の増長）◀

持続可能な社会の構築

（21世紀中頃までに温室効果ガス排出量をほぼゼロに）

図2.2　気候変動対策の体系

料金受取人払郵便

長野東局
承　認

753

差出有効期間
令和 3 年 8 月
31日まで
(切手をはらずにご)
投函下さい。

郵 便 は が き

3 8 1 - 8 7 9 0

長野県長野市

柳原 2133-5

ほおずき書籍㈱行

‖‖‖‖‖‖‖‖‖‖‖‖‖‖‖‖‖‖‖‖‖‖‖‖‖‖‖‖‖‖‖‖‖‖‖‖

郵便番号 □□□ - □□□□

ご 住 所　　　都道　　　　郡市
　　　　　　　府県　　　　区

電話番号 (　　　　) 　ー

フリガナ	年　齢	性　別
お 名 前	歳	男・女

ご 職 業

メールアドレス　　　　　　　　　新刊案内メール配信を
　　　　　　　　　　　　　　　　□希望する　□しない

▷**お客様の個人情報を保護するため、以下の項目にお答えください。**
　○このハガキを著者に公開してもよい➡(はい・いいえ・名前をふせてならよい)
　○感想文を小社 web サイト・　➡(はい・いいえ) ※匿名で公開されます
　　パンフレット等に公開してもよい

■■□□■■□□■■□□■■ 愛読者カード ■■□□■■□□■■□□■■

タイトル	
購入書店名	

● ご購読ありがとうございました。
　本書についてのご意見・ご感想をお聞かせ下さい。

● この本の評価　　悪い　☆　☆②　☆③　☆④　☆⑤　良い

● 「こんな本があったらいいな」というアイディアや、ご自身の
　出版計画がありましたらお聞かせ下さい。

● 本書を知ったきっかけをお聞かせ下さい。

☐ 新聞・雑誌の広告で（紙・誌名）_____
☐ 新聞・雑誌の書評で（紙・誌名）_____
☐ テレビ・ラジオで　　☐ 書店で　　　　☐ ウェブサイトで
☐ 弊社DM・目録で　　☐ 知人の紹介で　☐ ネット通販サイトで

■ 弊社出版物でご注文がありましたらご記入下さい。

▶ 別途送料がかかります。※3,000円以上お買い上げの場合、送料無料です。
▶ クロネコヤマトの代金引換もご利用できます。詳しくは☎(026)244-0235
　までお問い合わせ下さい。

　タイトル_____　_____冊

　タイトル_____　_____冊

気候変動対策は「緩和策（mitigation）」と「適応策（adaptation）」に大別できる。それぞれの概要を以下に示す。

【緩和策】

　緩和策とは、温暖化（気候変動）の原因物質である温室効果ガスの大気中濃度の上昇を抑制する対策であり、①省エネルギーや低炭素・脱炭素エネルギーへの変換を推進して、化石燃料の使用量を減らす、②発生した温室効果ガスを大気に排出する前に分離・回収・貯留する、③現存する森林を保護・管理するとともに植林を積極的に推進して、大気中の二酸化炭素の吸収・固定量を増加させる、などの方法がある。

【適応策】

　適応策とは、気候変動に対して自然・人間・社会・経済システムを調整[注]することにより、気候変動の悪影響を回避・軽減する（または温暖化の好影響を増長させる）方法である。ただし、気候変動によって生じる影響は、農・林・水産業の分野や自然災害の分野、国民生活分野など分野ごとに異なることから、適応策は分野毎に生じるそれぞれの影響に対するものになる。例えば、農業分野の「高温による生育障害や品質低下」の悪影響に対しては「高温耐性品種の開発・普及の推進」、また、自然災害分野の「水害や土砂災害」の悪影響に対しては「森林の整備・保全（水源涵養・土地保全）」などである（表2.2「気候変動の分野別影響と適応策の概要」）。

注）IPCC第5次評価報告書第2次作業部会報告書Box SPM.2においては、適応は「現実の又は予想される気候及びその影響に対する調整の過程。人間システムにおいて、適応は危害を和らげ又は回避し、もしくは有益な機会を活かそうとする。一部の自然システムにおいては、人間の介入は予想される気候やその影響に対する調整を促進する可能性がある。」とされている。

表2.2　気候変動の分野別影響と適応策の概要　参考文献7）

分　　野	影　　響	適　　応　　策
1．農業、 2．森林・林業、 3．水産業	・高温による生育障害や品質低下、病害虫の増加など ・極端現象（多雨・渇水）による生産基盤への影響など ・漁業：海洋生物の分布域の変化、植物プランクトンの現存量の変動や一次生産力の低下等による漁獲量の減少など	・高温対策として、肥培管理、水管理等の基本技術の徹底を図るとともに、高温耐性品種の開発・普及を推進など ・病害虫対策として、発生予察情報等を活用した適期防除、防除方法等の徹底など ・漁業：有害プランクトン大発生の要因となる気象条件、海洋環境条件を特定し、衛星情報や各種沿岸観測情報の利用による、リアルタイムモニタリング情報を関係機関に速やかに提供するシステムの構築など
4．水環境、 5．水資源	・水環境：水温、水質の変化（DO低下、藻類増加、微生物反応促進等）、流出入特性の変化（土砂や栄養塩類等）など ・水資源：渇水の増加（頻発化、長期化）など	・水質のモニタリングや将来予測に関する調査研究、及び水質保全対策（汚濁負荷の低減、及び沈殿池、選択取水設備、曝気循環設備の設置等）など ・渇水リスクの評価、情報共有、協働対応 ・地下水の保全 ・雨水・再生水の利用など
6．自然生態系	・陸域：気温の上昇や融雪時期の早期化等による植生の衰退や分布の変化、野生鳥獣の分布の変化など ・湖沼：水温の上昇による鉛直循環の減少、貧酸素化、富栄養化など ・湿原：乾燥化、流域負荷（土砂や栄養塩類等）の増大など ・海洋：植物プランクトンの現存量の変動や一次生産力の低下、酸性化　など ・生物：分布域の変化、ライフスタイルの変化、種の移動・消滅など ・生物季節：開花時期、初鳴きなど生物季節の変動	・生態系と種の分布等の変化を把握するため、モニタリングの強化・拡充 ・健全な生態系の保全と回復（汚染・汚濁、開発・過剰利用、外来種侵入などの負荷の低減） ・多面的な機能を有する生態系ネットワークの構築（外来種の防除・水際対策、希少種の保護増殖、海岸・干潟・湿地・藻場・サンゴ礁の保全・再生など）

分　　　野	影　　　響	適　応　策
7. 自然災害・沿岸地域	・短時間強雨や大雨に伴い、水害の発生頻度の増加、及び土砂災害等の増加など ・大雨による甚大な水害、台風の増加等による高潮・高波のリスク増大など ・強風や台風、竜巻による被害の増加など	・水害や土砂災害：森林の整備・保全（水源涵養・土地保全）、及び堤防や洪水調節施設、下水道等の適切な整備・維持管理・更新（改良）など ・災害リスクを考慮したまちづくり・地域づくりの促進、及び施設の運用、構造、整備手順等の工夫による減災 ・災害に強い低コスト耐候性ハウスの導入等の推進、及び異常気象の状況を知らせる情報の活用など
8. 健康	・暑熱：気温の上昇による超過死亡、熱中症の増加など ・動物媒介性伝染病の拡大、水・食物由来の伝染病の増加、食料・水供給の不足拡大など	・気象情報の提供や注意喚起、予防・対処法の普及啓発、発生状況等に係る適切な情報提供など ・媒介蚊など病害虫の定点観測、幼虫の発生源対策、成虫の駆除対策、病害虫対策に関する注意喚起等の対策、及び感染症の発生動向の把握など
9. 産業・経済活動	・産業：平均気温の上昇による生産活動の立地場所の選定に影響など ・金融・保険：保険損害の増加など ・観光：風水害による旅行者への影響、自然資源を活用したレジャーへの影響など ・移住者や旅行者を通じた感染症の拡大など	・官民連携により事業者における適応への取組や、適応技術の開発の促進など ・リスク管理の高度化に向けた取組など ・旅行者の安全を確保するため、災害時避難誘導計画の作成促進、情報発信アプリやポータルサイト等による災害情報・警報、被害情報、避難方法等の提供など
10. 国民生活・都市生活	・記録的な豪雨による地下浸水、停電、地下鉄への影響など ・渇水や洪水、水質の悪化等による水道インフラへの影響、豪雨や台風による切土斜面への影響など ・熱中症のリスク増大や快適性の損失など都市生活に大きな影響など ・ヒートアイランド現象に気温上昇が重なることで、都市域ではより大幅な気温上昇が懸念	・物流、鉄道、港湾、空港、道路、水道インフラ、廃棄物処理施設、交通安全施設における防災機能の強化 ・気温上昇とヒートアイランド現象の緩和のため、1）緑化や水の活用による地表面被覆の改善、2）人間活動から排出される人工排熱の低減、3）都市形態の改善（緑地や水面からの風の通り道の確保等）、4）ライフスタイルの改善、5）観測・監視体制の強化及び調査研究の推進、6）人の健康への影響を軽減する適応策（暑さ指数／WBGT など熱中症予防情報の提供等）の推進　など

緩和策と適応策の関係

　前述に示すように、気候変動対策は「緩和策（mitigation）」と「適応策（adaptation）」に大別でき、緩和策は温暖化（気候変動）の原因物質である温室効果ガスなどに対する根本的な対策であり、もう一方の適応策は気候変動によって既に生じている悪影響や予測される影響に対する対策となる。緩和策の波及効果は広域的・部門横断的であり、適応策は地域限定的・個別的である。

　ただし、気候変動の要因には自然的要因と人為的要因があり、近年の気候変動は、人間の諸活動にともない二酸化炭素などの温室効果ガスの大気中濃度が増加し、これにより地上気温が上昇（温暖化）して気候システムに変化をもたらす人為的な要因によるものが大きい。よって、近年の地球温暖化とそれにともなう気候変動は人為的要因による地球規模の環境（公害）問題である。環境（公害）問題の対策の基本は「源（原因）から断つ」であり、発生源対策が最も重要になる。温暖化（気候変動）の原因物質である温室効果ガスを排出させない、排出してしまったら広く拡散する前にできるだけ高濃度の状態で削減する、このような発生源に対する対策が重要となる。広く拡散して温暖化（気候変動）の影響が生じてしまった、または影響が予測されるところ（現象）への対策は、効率が悪く、高コストとなる。従って、気候変動対策も発生源に対する緩和策（温室効果ガスの排出抑制と削減など）が基本であり、気候変動の影響に対する適応策（影響調整など）は応急的、または補完・暫定的な対策となる。

　緩和策と適応策は「統合的対応を通じて強化され得る」（前述ｋ）の関係ではあるが、上述のことを前提にすることが必要である。

適応策の重要性

　世界気象機関（WMO）は、2017年は世界各地でハリケーンや洪水、干ばつや熱波・寒波など気象災害が多発し、経済損失は過去最高の約34兆円になったとの試算を公表した。また、世界の平均気温が産業革命前と比べて1.1℃上昇し、2015年から３年連続高温となったと指摘し、2016年には気象災害により2350万人の避難民が出たとした（2018年３月発表）。異常気象による被害は現在も続いていて、

今後の増大が懸念されている。

　我が国においても近年、観測史上最高の猛暑や豪雨の増加、台風・竜巻の大型化、気温上昇による熱中症の増加など気候変動及びその影響が全国各地で現れており、甚大な被害を与え、多くの犠牲者をもたらしている。

　また近年、気候変動（温暖化）の影響により、今まで経験したことのない地球環境（自然生態系）に変わりつつあり、それにともない、病原体の自然宿主や媒介動物（人間を含む）の生態の変化から新型コロナウイルスのような新たな感染症の多発と世界的な大流行が懸念される。

　気候変動に関する現象は既に人命や人の健康、社会経済活動に多大な影響が及ぶ危機的な状況にあり、今後の影響の拡大を防ぐための適応策を早急に推進していかなければならない。

　ただし、前述のとおり気候変動対策は発生源に対する緩和策（温室効果ガスの排出抑制と削減など）が基本であり、適応策に固執するあまり緩和策が疎かになり、未来に大きな付け（加速する気候変動のリスク）を回すことのないよう、十分な配慮が必要である。

③ 持続可能な社会実現のための気候変動対策
―"生態系に学ぶ"重要性―

　1章の「⑩"気候変動"は、地球生態系の乱れ…不健全化」（P.35）でも述べたが、地球生態系のエネルギー収支や水、炭素、窒素などの物質循環が損なわれない自己保全・再生の範囲であれば、人間の諸活動にともなって気候変動の原因となる温室効果ガスを排出したり、森林（木材）など資源を摂取しても、「安定的な気候」や「多様な生物の生息」などの地球生態系の機能（恵み）に乱れが生じることはない。ゆえに、気候変動の問題解決のためには、緩和策としての「地球生態系の保全対策」が最も重要であり、具体的には"気候変動"問題に関係する物質やエネルギー（温室効果ガス、エアロゾル、有機物、有害化学物質、水、熱など）の地球生態系における物質循環のメカニズムを把握したうえで、「1. 地球生態系への負荷の低減（"気候変動"緩和）」と「2. 不健全な地球生態系の修復と健全で恵み豊かな地球生態系の創出（"気候変動"緩和と適応）」を推進することである（基本的な対策はP.37「⑪それでは、どうしたらよいのか？…緩和と適応」を参照）。

　また、健全で恵み豊かな地球生態系は、環境保全・再生機能や国土保全機能などの多くの機能（恵み）によって気候変動の悪影響を防止・軽減し、気候変動のストレスにも対応することができることから、自然・人間システムを調整する適応策についても、健全な地球生態系の確保（保全対策）が最も重要となる。それを基調にした上で、表2.2「気候変動の分野別影響と適応策の概要」に示すそれぞれの分野において既に起こりつつある、または予想される気候変動の悪影響に対して、生産機能、生物資源保全機能、国土保全機能、環境保全機能などの生態系の機能（恵み）を補足・補完的に有効活用して、気候変動のストレスに強い環境を形成することが重要となる。すなわち、気候変動による人間と地球生態系との不健全な関係（環境影響）を明確にして、それに沿って対策を講じ、環境保全・再生機能などの機能（恵み）のレベルを調整し、人間の諸活動と地球生態系（食

物連鎖、物質循環、生態系ピラミッド）の調和を図ることである。

　以上のように、緩和策と適応策ともに、生態系の食物連鎖、物質循環、環境保全・再生機能（生態系サービス）など生態系に学び、それを基調にした気候変動対策技術（緩和・適応）[注]が最も重要であり、これによって持続可能な社会の実現が可能となる。

注）本書『生態系に学ぶ！"気候変動"適応策と技術』では主旨に沿って、次頁よりは、適応策技術について述べる（緩和策技術についての詳細は『前著「生態系に学ぶ！地球温暖化対策技術」』を参照）。

気候変動の影響と適応策（基本的考え方）

気候変動の影響

【世界】

　世界気象機関（WMO）は2020年3月、世界の気候状況に関する報告書（暫定版）を発表した。それによると、2019年1〜10月の世界の平均気温は産業化以前に比べて約1.1℃高く、2019年は史上2番目又は3番目に高温の年となる見通しであり、2015〜2019年の5年間と2010〜2019年の10年間の平均気温はともに過去最高となることがほぼ確実である。同報告書のこの他の気候変動指標については次の通りである。

1. 大気中 CO_2 濃度：2019年も上昇が続いている。
2. 海面水位：2019年10月に過去最高を記録した。
3. 海洋貯熱量：現時点までの2019年の同熱量の平均はすでに最高を記録した前年を上回る。
4. 海洋酸性化：産業化以降26％進行している。
5. 海氷面積：北極域、南極域とも記録的な低水準にある。
6. グリーンランド氷床：2019年8月までの1年間に329Gt が消失した。

　気候変動による影響には、気温の上昇量に応じて徐々に大きくなるものと、ある閾値を超えると急変をもたらすものがある。後者には、海洋大循環の停止、グリーンランドや西南極の氷床の不安定化による数m以上の海面上昇などの可能性が挙げられている。

　そして、気候変動の影響は、世界のさまざまな場所で、水環境・水資源、水災害・沿岸、自然生態系、食料、健康や、国民生活・都市生活といった、複数の分野に現れる。

　図2.3は、世界平均気温の変化にともなう各分野の影響の変化予測を示してい

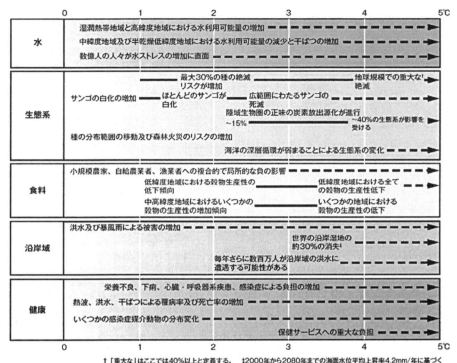

	0	1	2	3	4	5℃
水	湿潤熱帯地域と高緯度地域における水利用可能量の増加 ━━━━━━━━▶ 中緯度地域及び半乾燥低緯度地域における水利用可能量の減少と干ばつの増加 ━━▶ 数億人の人々が水ストレスの増加に直面 ━━━━━━━━━━━━▶					

最大30%の種の絶滅
リスクが増加 ━━━━━━ 地球規模での重大な†
絶滅
サンゴの白化の増加 ── ほとんどのサンゴが ── 広範囲にわたるサンゴの
白化 死滅
陸域生物圏の正味の炭素放出源化が進行
~15% ━━━━━━ ~40%の生態系が影響を
受ける
種の分布範囲の移動及び森林火災のリスクの増加
海洋の深層循環が弱まることによる生態系の変化

生態系

小規模農家、自給農業者、漁業者への複合的で局所的な負の影響 ━━━━━▶
低緯度地域における穀物生産性の 低緯度地域における全て
低下傾向 の穀物の生産性低下
中高緯度地域におけるいくつかの いくつかの地域における
穀物の生産性の増加傾向 穀物の生産性の低下

食料

洪水及び暴風雨による被害の増加 ━━━━━━━━━━━▶
世界の沿岸湿地の
約30%の消失‡
毎年さらに数百万人が沿岸域の洪水に
遭遇する可能性がある

沿岸域

栄養不良、下痢、心臓・呼吸器系疾患、感染症による負担の増加 ━━━━▶
熱波、洪水、干ばつによる罹病率及び死亡率の増加 ━━━━━━━▶
いくつかの感染症媒介動物の分布変化
保健サービスへの重大な負担

健康

† 「重大な」はここでは40％以上と定義する。　‡2000年から2080年までの海面水位平均上昇率4.2mm/年に基づく

黒い線は影響間のつながりを表し、点線の矢印は気温上昇に伴い継続する影響を示す。文章の左端がその影響が出始めるおおよそその気温上昇のレベルを示すように、事項の記述が配置されている。

出典：IPCC、2007a

図2.3　世界平均気温の変化にともなう影響の事例　参考文献10)

る。気温の上昇に応じて、さまざまな影響の顕在化や、影響の及ぶ範囲の拡大が予測される。

　水資源分野では、熱帯・亜熱帯の乾燥地域で現在より降水量が減り、水資源量が減少すると予測されているほか、小島嶼や海岸沿いの地域では、海面上昇にともない塩水が地下水に混入する恐れがある。水災害分野では、豪雨が増加して洪水のリスクが増大する地域がある一方、渇水の期間が長期化する地域もあるという予測がある。また、海面上昇などにより沿岸域で高潮被害のリスクに曝される人口の増加が予測される。自然生態系の分野では、サンゴの白化等気温・水温上

昇によって生物に直接的な影響が現れる。また、生息適地の移動に追随する能力が異なるため、植物とその授粉を行う昆虫の共生関係が崩れるなど、生態系構造の変化が生じる可能性がある。食料の分野では、地域によって作物の生産力の低下が予想されているだけでなく、病害虫による被害も変化すると考えられている。人間の健康については、気温の上昇による熱関連疾患の増加や感染症の拡大が懸念されている。また、経済活動や日常生活に対しても、例えば農産物の価格上昇や冷暖房に用いるエネルギー需要の変化などが考えられる。気候変動は、気温や降水量といった基本的環境条件を変えるため、影響がさまざまな分野に連鎖的に波及する。高齢化や都市化の進展、土地利用の変化といった他の要因とも重なり合って、より深刻な影響が現れる場合もあることに注意が必要である。

【日本】

　近年発表された各種の気候変動の将来予測[注1]では、我が国において、21世紀末には20世紀末と比較して、農林水産業や自然生態系などに影響が大きい主要な気候変化は次のように予測されている。

　1．気温

　　　年平均気温は、20世紀末と比較して、全国で平均1.1～4.4℃[注2]上昇するなどの予測がある。また、日最高気温の年平均値は、全国で平均1.1～4.3℃[注3]上昇し、真夏日（日最高気温30℃以上）の年間日数は、全国で平均12.4～52.8日[注4]増加するとの予測がある。

　　　年平均気温及び日最高気温の年平均値の変化を地域別に見ると、特に北日本で上昇幅が大きく、沖縄・奄美では比較的に小さい。また、真夏日の年間日数は、西日本及び沖縄・奄美での増加幅が大きい。

　2．降水

　　　年降水量については、増加と減少両方の予測があり、明瞭な変化傾向はないが、大雨による降水量は全国的に増加するとの予測がある。また、無降水日の年間日数は、20世紀末と比較して増加傾向になるとの予測もある。さらに、年間降水量に変動が見られない中で無降水日数や降水強度の増加の予測もあり、季節や時期的、局地的な降雨の偏りにより極端現象

（多雨、渇水）の発生の増加が懸念されている。

3．積雪・降雪

　　年最深積雪・降雪量は20世紀末と比較して減少し、特に東日本の日本海側で減少量が大きくなるとの予測がある。積雪量の減少による渇水リスクの増加や、融雪水の利用地域では、需要期の河川流量が減少する可能性がある。一方、温暖化が進む過程では、北海道の内陸の一部で気温上昇にともない水蒸気量が増えることで降雪が増え、雪害が生じることも考えられる。

4．海面水温

　　21世紀末までの日本付近の海面水温は、RCP8.5シナリオの場合、現在よりも上昇すると予測されている。また、日本南方海域よりも日本海で上昇幅が大きいとの予測がある。

5．海面水位

　　日本沿岸の海面水位は、明瞭な上昇傾向が見られず、海洋の十年規模の変動等、さまざまな要因で変動しているため、気候変動の影響については明らかではない。

6．台風

　　強い台風の発生数、台風の最大強度、最大強度時の降水強度は、現在と比較して増加する傾向があるとの予測があり、日本の南方海上では、非常に強い台風が現在と比較して増加する可能性がある。さらに、そのような非常に強い台風が勢力を比較的維持したまま日本近海まで到達する可能性がある。

　気候変動の影響は、日本でも既に現れ始め、今後さまざまな分野で拡大するとみられている。図2.4は、日本の年平均気温の変化にともなって各分野で予測される影響を示したものである。水資源については、いくつかの地域で将来、河川流量が減少する可能性が高く、また源流域の積雪量の減少により水資源が減少し、渇水リスクが増す恐れがある。一方で渇水リスクは、水の需給構造にも依存するため、影響の受けやすさは地域差が大きい。人的あるいは家屋等への被害を

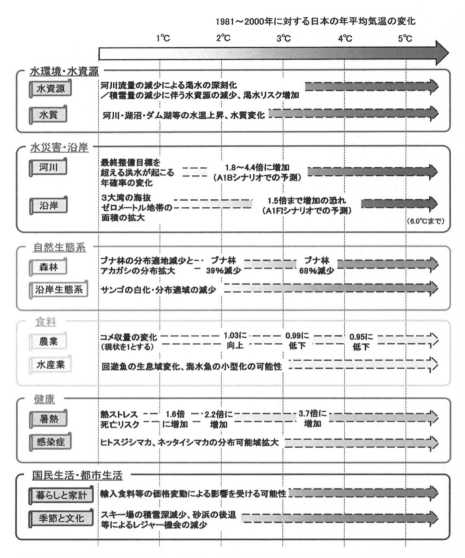

矢印は気温上昇に伴い影響が継続することを示す。文章の左端がその影響が出始めるおおよその気温上昇のレベルを示すように、事項の記述が配置されている。

出典：温暖化影響総合予測プロジェクトチーム、2009をもとに作成

図2.4　日本における平均気温の変化にともなう影響の事例　参考文献10)

ISBN978-4-434-26674-4

彩花譜 野村陽子植物細密画集

野村陽子／著

A4判　本体8,000円＋税

植物を観察しながら、ただ写実的に描くだけでなく植物のありのままの姿を描いた、臨場感のある作風で知られる著者。細密画を始めて20年。著者が自選した230点余りを収録。

ISBN978-4-434-25301-0

師は樹なり

髙橋貞夫／彫彩

A4判　本体5,000円＋税

北アルプスの麓、故郷の大町に工房を構えて半世紀。自然の美・奥深さが与えてくれたイメージから生まれた木彫作品たちを一冊に集約。

お近くの書店にてお求めください。
店頭にない場合はお取り寄せになれます。

お急ぎの場合は小社宛にご注文ください。この場合、商品の代金の他に送料をご負担いただきます。(3,000円以上お買い上げの場合は送料無料)

フリーダイヤル 0120-66-0235 ｜ FAX 026-244-0210

ホームページ http://www.hoozuki.co.jp/

ほおずき書籍　〒381-0012 長野県長野市柳原2133-5
TEL 026(244)0235　FAX 026-244-0210

ISBN978-4-434-23675-4
上製美装本 AB判
一茶365+1きりえ

本体5,000円＋税
きりえ／柳沢京子　俳句解説／中村敦子
記念日／加瀬清志（日本記念日協会）

小林一茶ときりえ作家・柳沢京子がコラボレーション！　俳句ときりえで365（＋1）日を巡り、ふるさとや季節の移ろいを感じる一冊。

ISBN978-4-434-10924-9　A5判
信濃路の山頭火
日本図書館協会選定図書

本体1,500円＋税
滝澤忠義・春日愚良子・森線郎／著

漂泊の俳人・種田山頭火の信濃路の旅程を紹介しつつ、その人となりに迫る。

ISBN978-4-434-11118-1　A5判
信濃路 俳句の旅
日本図書館協会選定図書

本体1,500円＋税
藤岡筑邨／編著

信州出身の俳人の句や、信州ゆかりの俳句350点余りを解説した名句集の決定版。

ISBN978-4-434-18999-9　A5判
鬼無里への誘（いざな）い
蘇る鬼女紅葉

本体1,200円＋税
宮澤和穂／著

鬼無里の様々な歴史ミステリーに迫る会心の書。

ISBN978-4-434-16691-4　A5判
軽井沢のホントの自然
日本図書館協会選定図書

本体1,800円＋税
石塚徹／著

軽井沢の自然史と、野道の楽しみ方、生きものたちのホントの今をやさしく紹介。

ISBN978-4-434-19532-7　A5判
漂泊の俳人 井月の日記
日記と逸話から井月の実像を探る

本体1,500円＋税
宮原達明／著

伝承や新資料の発掘から人間像を見事に描く労作。井月自身が綴った日記全文も掲載。

ISBN978-4-434
信州ゆかりの
日本の名歌

本体2,000円＋税
大内喜惠胤／著　信州ゆ

全85曲。誕生まれた情景を

ISBN978-4-434
自然観察ハント
霧ヶ峰の

本体1,200円＋税
諏訪の自然を学ぶ

霧ヶ峰を熟知らの書き下ろ学習のテキス

ISBN978-4-434
信州 上田

本体800円＋税
堀内泰／訳

松代藩真田家訳。圧倒的なし、名を世に度の上田合戦

ISBN978-4-434
浅間 −火山

本体1,500円＋税
堤隆／著

3.11を契機に火から何を学生きる人々の真

ISBN978-4-434
ファミリーヒス
松代・真田・

本体1,800円＋税
小林啓二／著

化学研究一筋後の生き甲斐系譜調べ。

ISBN978-4-434
信州 後世に遺

本体1,800円＋税
鹿島岳水／著

民謡、童謡・まで、信州に曲を厳選。著CD付き。

及ぼす水災害では、さまざまな地域で豪雨等の災害外力が治水安全度等の防災力を上回る可能性が現状より高くなる。また、洪水氾濫や斜面崩壊の発生確率の増加、海面上昇等による高潮被害人口の増加が予測されている。食料については、長期的には被害リスクが拡大する一方で、地域によっては、短期的には収量の増加や新しい作物の導入など好ましい影響も存在する。自然生態系の分野では、ブナ林やサンゴの分布適地の減少が予測されている。ただし、生態系の分布域の変化には他の要因も作用するため、気候変動の寄与がどの程度であるかを特定することは難しい。また、生物種によって適応能力には差があるため、生態系の中でこれまで成り立っていた共生関係が崩れたりする可能性がある。健康分野では、熱ストレスによる死亡リスクの増加や、感染症を媒介する生物の生息可能域の拡大などが予測されている。

注1）気候変動の観測・予測及び影響評価統合レポート2018（平成30年2月、環境省、文部科学省、農林水産省、国土交通省、気象庁）、及び21世紀末における日本の気候（平成27年、環境省・気象庁）等の文献にある将来予測

注2）RCP2.6シナリオで平均1.1℃（90％信頼区間は0.5～1.7℃）上昇、RCP8.5シナリオで平均4.4℃（90％信頼区間は3.4～5.4℃）上昇すると予測されている。

注3）RCP2.6シナリオで平均1.1℃（90％信頼区間は0.5～1.8℃）上昇、RCP8.5シナリオで平均4.3℃（90％信頼区間は3.3～5.3℃）上昇すると予測されている。

注4）RCP2.6シナリオで12.4日増加、RCP8.5シナリオで52.8日増加すると予測されている。

気候変動適応策（基本的考え方）

　気候変動によって生じる影響は、水環境・水資源、水災害・沿岸、自然生態系、食料、健康や、国民生活・都市生活など分野ごとに異なることから、適応策は、分野毎に生じるそれぞれの影響に対するものになる。表2.2（P.60～61）に各分野における気候変動の影響及びそれらへの適応に関する施策の概要の代表例を示した。

　各分野とも、適応策の検討及び実施に当たっては、以下の「基本的考え方」に留意することが必要となる。

【基本的な考え方】

（1）現在現れている影響及び将来予測される影響に対処

　適応策とは、気候変動の悪影響を防止・軽減し、あるいは好適な環境への変換を図るため、気候変動の影響に対して自然・人間・社会・経済システムを調整する対策である。気候変動の影響は既に起こりつつあり、また、将来激化が予想されるため、この気候変動の影響に対して、1）短期的な適応策と2）中長期的な適応策が必要となる。

　1）短期的な適応策

　現在既に起こりつつある、または10年以内に予測される気候変動の悪影響の防止・軽減のため、可能な限り速やかに対処すべき適応策。

　［例］

▶　高山帯の植物の減少、サンゴの白化等に対する保護など

▶　農作物の品質低下・収量低下に対する、高温耐性品種の導入や適切な栽培手法の採用

▶　海面上昇などへの対策や、狭領域・短期集中型の豪雨被害の増加に対する危機管理体制の強化、早期警戒システムの整備

▶　自然災害の増加に対する浄水場における自家発電装置等の整備・強化など

　2）中長期的な適応策

　10～100年後予測される気候変動の悪影響の防止・軽減のため、気候変動に起因する可能性の高い悪影響に対処する適応策。

　［例］

▶　河川／海岸堤防の整備や既存施設の機能向上等

▶　影響を受ける地域の土地利用の規制、誘導

▶　生態系ネットワークの構築（地球生態系の保全対策）

▶　感染症発生予防のための施策強化

▶　既存の予測手法を活用し、30～50年後の気候変動の影響を加味した世界の食料需給システムの開発

▶　近年の渇水の頻発に備えた計画的な水道水源の開発

（2）自然との共生及び地球生態系の保全

　適応策は、気候変動の悪影響の防止・軽減のため、気候変動の影響に対して自然・人間・社会・経済システムを調整する対策であり、前述の１）短期的な適応策の例に挙げたような「高山植物やサンゴの保護」、「農作物の品種改良や栽培方法の変更」などは、特定の生物種にとって好影響になっても他の生物種や生態系全体にとっては悪影響になる場合もある。生態系は水や大気、土壌などにおける物質循環や、生物間の食物連鎖などを通じて、絶えず構成要素を変化しながら全体としてバランスを保っているため、人為的に生態系（自然・環境）を調整（操作・管理）する対策は、このバランスに配慮しながら進めていくことが重要となる。また、２）中長期的な適応策の例に挙げたような「河川／海岸堤防の整備やコンクリート建造物の機能向上」などについても、生物の生息環境への悪影響などが懸念されるため、事前・事後の環境影響調査とその結果に基づく対応策が重要になる。

　なお、２）中長期的な適応策の例に挙げた「生態系ネットワークの構築（地球生態系の保全対策）」は、健全で恵み豊かな地球生態系を創出することになり、健全な生態系が有する環境保全・再生や国土保全などの高レベルの機能によって気候変動の悪影響を防止・軽減し気候変動のストレスにも対処することができ、緩和対策（CO_2吸収・固定）のみならず適応策としても極めて有効である（１章⑪「地球生態系の保全対策」P.37を参照）。本書『生態系に学ぶ！"気候変動"適応策と技術』の趣旨も、ここにある。

（3）不確実性を踏まえた順応的な対処

　どの場所でどのような気候変動が起きるかを正確に予測することは困難であり、復元の容易性など、変化する気候要素に柔軟に対応できる対策技術であるか検討しておくことも重要である。また、気候変動やその影響のモニタリングを継続して行い、その結果に応じた順応的な対処が必要である（図4.1「気候変動対策のPDCAサイクル」P.168を参照）。

（４）ハード、ソフト両面からの総合的な対策

　適応策には、施設や装置の開発・整備・改良などのハード対策と、情報や技術の提供・伝達、予防活動（訓練・普及・啓発）などのソフト対策がある。気候変動の影響やそれらがもたらすリスクの程度、地域環境の特性等を踏まえて、ハードとソフト両面を適切に組み合わせた総合的な対策を講じることが必要になる。

（５）持続可能な開発目標（SDGs）の推進

　2015年9月の国連サミットにおいて、持続可能な世界を実現するための17のゴール（目標）と169のターゲット（具体的な目標）から構成される持続可能な開発目標（SDGs）が採択され、気候変動は持続可能な開発に対する最大の課題の1つに位置づけされた。

　SDGsのゴール13には「気候変動とその影響に立ち向かうため、緊急対策を取る」があり、また、ゴール1「貧困の撲滅」やゴール2「飢餓の撲滅」には気候変動対策が盛り込まれ、このほかゴールの6「安全な水とトイレ」、7「クリーンなエネルギーをみんなに」、14「海の豊かさ」、15「陸の豊かさ」などには気候変動の影響と適応策に関連する内容が多く含まれている。このため、他のゴール（目標）の気候変動の影響と適応策にも配慮した統合的対応が重要になる。

　さらに、SDGsとパリ協定における「適応」の取り組みは、気候変動に対応できる強靭で持続可能な社会を構築するという共通の目標を有しており、国際的にもこれらの目標等の間で連携を図ることが重要になる。

3 章

生態系に学ぶ！　気候変動の影響と適応策技術［分野別］
—生態系の機能(恵み)を活用した適応技術—

　前章では、世界と日本の気候変動対策の動向、対策の体系(緩和と適応)、及び現状における気候変動の分野別影響の概要（世界・日本）と、適応策の基本的な考え方について学んだ。

　本章では、分野別に、「１．気候変動の影響と適応策技術」及び「２．生態系の機能（恵み）を活用した適応技術」を紹介する。

　特に「２．生態系の機能（恵み）を活用した適応技術」は本書『生態系に学ぶ！“気候変動”適応策と技術』の主旨とするところである。「⑦地球生態系の機能（恵み）」（P.18）で述べたように、生態系の機能（恵み）には、安定した気候や清浄な空気（酸素供給）、おいしい水（水質浄化）、土地保全、生物保全、遺伝資源（新薬、品種改良等）、農・林・水産物、バイオマス（植物・動物・微生物）などがあり、人類に多様な恩恵を持続的に与えてくれる。「２．生態系の機能（恵み）を活用した適応技術」では、この機能（恵み）を有効に活用した、気候変動の適応策技術をとりあげている。

　ここでは、以下に示す①〜⑩の分野別に、気候変動の影響と適応策技術を紹介する。

　近年、農産物の異常高温による生育障害や品質低下、大型台風や豪雨、大雪による農業生産基盤への悪影響などが各地で頻発・顕在化し、さらに今後、長期にわたり増加・拡大が懸念される。このような、現在生じている、また将来予測される農業分野への気候変動の悪影響を回避・軽減する取り組みが重要になっている。

1．気候変動の影響と適応策技術

　農業に及ぼす気候変動の影響は、地域や分野・品目によってさまざまであり、適応策はそれぞれの影響に対応する内容となる。平成27年8月に「農林水産省気候変動適応計画」が策定され、農業分野については、「農業生産」「畜産」「病害虫・雑草・動物感染症」「農業生産基盤」「食品・飼料の安全確保（穀物等の農産品及びその加工品、飼料）」の項目毎に気候変動の影響と適応策が挙げられている。それに沿って、農業に及ぼす気候変動の影響と適応策技術の概要を表3.1-1に示す。また、農業分野における適応策の取組事例を表3.1-2に示す。

表3.1-1　農業に及ぼす気候変動の影響と適応策技術　参考文献1）2）

分　　野	気候変動の影響	適応策技術
農業生産	・水稲、果樹、土地利用作物（麦類・大豆・茶等）の各品目で、高温・強日射・多雨・湿害・干ばつによる生育障害や品質低下など、気候変動の影響を受けやすい。主な影響予測（事例）としては、水稲の一等米比率の全国的な低下、果樹栽培（うんしゅうみかん・りんご等）に有利な温度帯の北上などがある。	・高温対策として、肥培管理・水管理等の基本技術の徹底、高温耐性品種の開発・普及の推進など。 ・病害虫対策として、発生予察情報等を活用した適期防除、防除方法等の徹底など。 ・温暖化による影響等のモニタリングを行い、適応策に関する情報の発信。

分　野	気候変動の影響	適応策技術
畜産	・夏季の平年を上回る高温の影響として、乳用牛の乳量・乳成分・繁殖成績の低下や、肉用牛、豚及び肉用鶏の増体率の低下等。	・家畜では、畜舎内の散水・散霧や換気、屋根への石灰塗布や散水等の暑熱対策の普及による適切な畜舎環境の確保を推進するとともに、密飼いの回避や毛刈りの励行、冷水や良質飼料の給与等の適切な飼養管理。また、栄養管理の適正化等により、夏季の増体率や繁殖性の低下を防止する生産性向上技術等の開発・普及。 ・飼料作物では、複数の草種を作付けすることにより、収穫時期を分散し、天候不順による収穫減少の影響の緩和。
病害虫・雑草・動物感染症	・水稲や大豆、果樹など多くの作物に被害をもたらすミナミアオカメムシは、近年、生息分布域が拡大し、気温上昇の影響が指摘されている。動物感染症については、家畜の伝染性疾病の流行地域や流行期間が拡大するなど、家畜の伝染性疾病の流行動態に変化の兆しが認められている。 ・世界的には近年、アフリカを中心にバッタが大量発生して農作物を食い尽くす被害が広がっている。今後拡大することが懸念される。	・病害虫の発生状況や被害状況を的確に捉え、適時適切な病害虫防除。さらに、発生予察の指定有害動植物の見直しなど気候変動に対応した病害虫防除体系の確立。
農業生産基盤	・降水量は、多雨年と渇水年の変動の幅が大きくなっているとともに、短期間にまとめて雨が強く降ることが多くなる傾向が見られる。また、高温による水稲の品質低下等への対応として、田植え時期や用水管理の変更等、水資源の利用方法に影響が見られる。 ・豪雨や強雨による洪水、土石流、土砂崩落の頻発・激甚化。	・将来予測される気温の上昇、融雪流出量の減少等の影響を踏まえ、用水管理の自動化や用水路のパイプライン化等による用水量の節減、ため池・農業用ダムの運用変更による既存水源の有効活用など、ハード・ソフト対策を適切に組み合わせ、効率的な農業用水の確保・利活用等の推進。 ・集中豪雨の増加等に対応するため、排水場・調整池や排水路等の整備により農地の湛水被害等の防止、湛水

78

分　野	気候変動の影響	適応策技術
		に対する脆弱性が高い施設や地域の把握、ハザードマップ策定などのリスク評価の実施、施設管理者による業務継続計画の策定など、ハード・ソフト対策を適切に組み合わせ、農村地域の防災・減災機能の維持・向上。
食品・飼料の安全確保（穀物等の農産品及びその加工品、飼料）	・土壌中には多くの種類のかび（真菌）が生息しているが、その中には農産物に感染して、品質や収量の低下をもたらす病害や、食品や飼料の安全性において問題となるかび毒を引き起こすものがある。国内の土壌のアフラトキシン産生菌の分布調査において、1970年代に比べてその分布域が拡大している可能性があることが報告されている。	・ほ場土壌等のかび毒産生菌の分布や、農産物や飼料のかび毒汚染の調査と、気候変動による影響の把握。農産物や飼料のかび毒汚染の増加によって、人や家畜に健康被害を生じる可能性がある場合には、汚染を低減する技術の開発・普及。

表3.1-2　農業分野における適応策の取組事例　参考文献6）

分野	品目	内容
新品種の開発・導入	水稲	多様な米づくりに向けた銘柄誘導の取組
	果樹　ぶどう	ぶどうの県オリジナル品種の導入推進
	果樹　日本なし	日本なしの温暖化対応技術の推進
新技術の開発	水稲	温暖化に対応した水稲初期生育改善のための水田土壌強還元対策技術の開発
	大豆	天候（多雨や干ばつ）に左右されない播種技術の現地実証
	茶	地球温暖化環境下における茶の主要害虫の発生消長の解明
	果樹　ぶどう	ピオーネの無核化処理方法の改善による着色向上
	果樹　りんご	温暖化を想定した気温条件で栽培したりんご「ふじ」の定植4年目の樹体生育及び果実品質
	花き　宿根かすみそう	宿根かすみそうの品質を向上させる高温対策技術

分野	品目	内容
暑熱対策・環境制御等の推進	水稲	異常高温時等の管理体制の構築
	家畜肉用牛	ダクトファンの24時間稼動及び夜間給餌の併用による、黒毛和種肥育牛に対する暑熱対策
適応技術の普及・推進	果樹　うめ	被覆性資材散布によるうめ生理障害果の発生軽減
	野菜　トマト	夏秋トマトの裂果対策
	花き　きく	花き生産安定技術研修会の開催
	家畜全般	牛・豚の繁殖性の向上支援
体制の整備	農業全般	農林水産業温暖化対策研究チーム

農林水産省「平成30年地球温暖化調査レポート」より

２．生態系の機能（恵み）を活用した適応技術

　生態系は、物質生産機能や生物多様性（遺伝資源）保全機能、地球環境保全機能などを有し、農業分野においても、多大な恩恵を持続的に与えてくれる（図3.1「農業・林業・水産業分野の生態系多面的機能」）。

　農業に及ぼす気候変動の悪影響としては、高温・強日射・日照不足・多雨・湿害・干ばつや病害虫などによる生育障害、品質低下等が挙げられる。これらの悪影響に対する適応策として、生態系の生産機能や遺伝資源保全機能の活用が有効である。

（１）生産機能を活用した適応技術

【生態系の生産機能とは】

　生態系は、生産者（植物）、消費者（動物）、分解者（微生物）から構成される生物的部分と、大気、水、土壌などの非生物的部分からなっている。農作物などの植物は、大気中の二酸化炭素と土壌中の水分と養分を吸収し、太陽光を使って光合成を行い、糖などの有機物（栄養分）を生産する機能を有する。植物を生産するためには、以下に挙げる生育因子が必要になる。

　　1．太陽光（光エネルギー）

　　2．空気（CO_2、O_2）

出典：農林水産省（日本学術会議答申を踏まえて作成）

図3.1　農業・林業・水産業分野の生態系多面的機能　参考文献3）

3．水分

4．温度（熱エネルギー）

5．養分（窒素、りん、カリなど）

【生産機能を活用した適応技術（例）】

　生産機能を活用した適応技術とは、農作物を生産するのに必要な生育因子を調整・管理し、高温・強日射・日照不足・多雨・湿害・干ばつなどの気候変動の悪影響を回避・軽減する手法（栽培法）である。

　代表的な「生産機能を活用した適応技術」の概要を以下に示す。

［例］

1）適地・適種・適正管理

　　▶　気候変動により温暖化が進んだ場合、亜熱帯・熱帯の農作物の栽培が可能な地域の拡大が予想されるが、生育因子を適切に予測・調整・管理し、

適地・適種・適正管理の推進を図る。

2）猛暑・高温対策

▶ 作物の活性化（成長）に応じ追肥（養分）の量を増やすなどの、作物の活性化（成長）に対応した施肥管理の徹底。

▶ 水田の水を排水する中干しの期間の短縮や、湛水と落水をくり返す間断灌漑など、適切な水管理により、根が老化するのを防ぎ酸素の供給を促すとともに、水温（温度）の上昇を抑制する。

3）日照不足・湿害対策

▶ 追肥（養分）の量を減らすなど、作物の活性化（成長）に対応した施肥管理の徹底。

▶ 中干しの徹底など、適切な水管理。

4）果樹の日焼け果・着色不良対策

▶ かん水や反射シート、果実袋の導入。

▶ 着果位置に配慮。

5）果樹の干ばつ対策

▶ マルチシート等による水分蒸発抑制等の普及や、土壌水分を維持するた

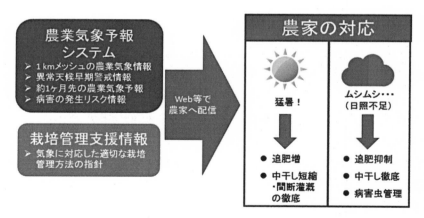

出典：日本学術会議農学委員会（2014）図4を改変

図3.2　気象対応型栽培方法の概要　参考文献4）

めの休眠期の深耕・有機物投入。

6）病害虫対策

▶　発生予察情報等を活用した適期防除の徹底。

このような栽培方法をウェブなどで情報配信し、気象を先取りした細かな対応によって異常気象の影響を軽減する対策は、今後、多くの農家に普及することが期待されている（図3.2「気象対応型栽培方法の概要」）。

（2）遺伝資源保全機能を活用した適応技術
【生態系の遺伝資源保全機能とは】

遺伝資源とは、生物多様性条約では「現実のまたは潜在的な価値を有する遺伝素材（遺伝の機能的な単位を有する植物、動物、微生物その他に由来する素材）」と定義されている。

生態系は、生産者（植物）、消費者（動物）、分解者（微生物）から構成される生物的部分と、大気、水、土壌などの非生物的部分からなり、生物間の食物連鎖や、生物部分と非生物的部分との物質循環などの働きによって遺伝資源を保全する機能を有している。

そして、地球生態系は数十億年という長い歴史の中でさまざまな生物が誕生し、自然淘汰を通じて現在のような多様性の高い生息・生育環境が形成されてきた。多様性の高いレベルの生態系（生物多様性ホットスポット）は、遺伝資源の多様性が高いうえ、生物間で進化が起こり、さらに多様性に富む豊かな生態系を形成する。生態系は一度多様性が損なわれると、復元するには長い年月を要することになるため、このような遺伝的多様性の高い生態系の保全が重要となる。

【遺伝資源保全機能を活用した適応技術（例）】

現在生産されているコメ、リンゴ、ブドウなど数多くの農作物の品種は、食味、収量、耐暑・耐寒性、病害抵抗性などの性質の付与のため、生態系の遺伝資源保全機能を活用して開発・改良されたものである。

遺伝資源保全機能を活用した適応技術とは、生態系の遺伝資源保全機能を活用

して、農作物の品種の食味、収量、耐暑・耐寒性、病害抵抗性などの性質を改良し、高温・強日射・日照不足・多雨・湿害・干ばつなどの気候変動の悪影響を回避・軽減する手法である。

　代表的な「遺伝資源保全機能を活用した適応技術」の概要を以下に示す。

［例］

1）水稲

　▶　高温による品質低下が起こりにくい高温耐性を付与した品種の開発。また、現在でも極端な高温年には収量の減少が見られており、将来的には更なる高温が見込まれることから、収量減少に対応できるよう高温不稔^{注)}に対する耐性を併せ持つ育種素材の開発の推進。

2）果樹

　▶　高温条件に適応する育種素材を開発、その後、当該品種を育成し、産地に実証導入。

3）土地利用型作物（麦類・大豆等）、園芸作物（キャベツ等・ダイコン等）など

　▶　高温耐性など気候変動に適応した品種・育種素材の開発・普及。病害虫・雑草対策として、病害虫抵抗性品種・育種素材の開発・普及。

注）高温不稔：開花期の高温により受精が阻害され、子実にデンプンが蓄積しないこと

森林・林業分野

　気温上昇等の気候変動による森林・林業への影響については、長期的には、植生の変化や、森林における動植物の生態・活動への影響が、また、集中豪雨による山地災害の頻発、異常高温（乾燥）による森林火災の発生、海面上昇による海岸林の消失などが懸念される。森林・林業分野では、このような気候変動による悪影響に対処する適応策技術が重要となる。

1. 気候変動の影響と適応策技術

　森林・林業に及ぼす気候変動の影響は、地域や分野・品目などによってさまざまであり、それぞれの影響の将来予測等を踏まえた計画的な適応策を講じることが必要になる。平成27年8月に「農林水産省気候変動適応計画」が策定され、森林・林業分野については、「山地災害、治山・林道施設」「人工林」「天然林」「病害虫」「特用林産物」の項目毎に気候変動の影響と適応策が挙げられている。それに沿って、森林・林業に及ぼす気候変動の影響と適応策技術の概要を表3.2に示す。

表3.2　森林・林業に及ぼす気候変動の影響と適応策技術　参考文献1）2）

分　野	気候変動の影響	適応策技術
山地災害、治山・林道施設	・異常な豪雨による多量の雨水が、地形・地質の影響により土壌の深い部分まで浸透することで、立木の根系が及ぶ範囲より深い部分で表層崩壊が発生する等、森林の有する山地災害防止機能の限界を超えた山腹崩壊等の発生。 ・異常高温（乾燥）による森林火災の発生。	・治山施設の整備や森林の整備等を推進し山地災害を防止、及び治山・林道施設の適切な維持管理・更新等。 ・水源涵養機能の維持増進のため、ダム上流等の重要な水源地や集落の水源となっている保安林において、浸透・保水能力の高い森林土壌を有する森林の維持・造成。

分　野	気候変動の影響	適応策技術
		・山腹崩壊等に伴う流木災害の防止のため、流木捕捉式治山ダムの設置や根系等の発達を促す間伐等の森林整備、流木化して下流域へ被害を及ぼす可能性の高い流路部の立木の伐採など。 ・森林火災の防止のため、防火林・防火帯・防火体制の整備、及び防火意識の向上。
人工林	・気温上昇と降水パターンの変化によって、大気が乾燥化、水ストレスが増大し、スギ林などが衰退。 ・降水量の少ない地域ではスギ人工林などの生育不適の可能性。	・気候変動が森林及び林業分野に与える影響についての調査・研究・情報収集等。 ・高温・乾燥ストレス等の気候変動に適応した品種開発。
天然林	・気温上昇や融雪時期の早期化等による高山帯・亜高山帯の植生の衰退など。また、気温上昇の影響により、落葉広葉樹の常緑広葉樹への置き換わり。	・モニタリング調査等を通じて状況を的確に把握し、森林生態系ネットワークの形成にも努め、適切な保全・管理を推進。
病害虫	・気温上昇や降水量の減少により病害虫の被害地域の拡大。気温以外の要因も被害に影響を与える。	・森林病害虫のまん延を防止するため、地域連携し防除の継続的実施。 ・気温の上昇にともなう昆虫の活動の活発化により、分布域の拡大等の恐れがあるため、気候変動による影響及び被害対策等について研究の推進、及び森林被害のモニタリングを継続実施。
特用林産物 （きのこ類、樹実類、樹脂類、山菜類、薬用植物及び桐、たけのこ、竹、木炭、薪等）	・夏場の気温上昇が病原菌の発生やしいたけの子実体（きのこ）の発生量の減少等との関係を指摘する報告がある。データの蓄積が十分でなく、今後さらに研究を進める必要がある。	・病原菌による被害状況や感染経路の推定、害虫であるキノコバエの被害の発生状況や夏場の高温環境での収穫量への影響等のしいたけの原木栽培における気候変動による影響把握。 ・日光を遮断する寒冷紗の使用によるほだ場内の温度上昇を抑える栽培手法の検討等の取組の実施。温暖化の進行による病原菌等の発生や収穫量等に関するデータ

分　　野	気候変動の影響	適応策技術
		の蓄積とともに、温暖化に適応したしいたけの栽培技術や品種等の開発・実証・普及。

２．生態系の機能（恵み）を活用した適応技術

　森林生態系は、土砂災害防止(国土保全)、水源涵養、生物多様性の保全、地球温暖化の緩和、林産物の供給など多面にわたる機能を有し、森林・林業分野においても多大な恩恵を持続的に与えてくれる（図3.1「農業・林業・水産業分野の生態系多面的機能」P.81）。

　森林・林業分野における気候変動の悪影響としては、短時間強雨や異常豪雨にともなう土砂崩落、気温上昇や降水パターンの変化（乾燥化や水ストレスの増大）にともなう森林の衰退などが挙げられる。これらの悪影響に対する適応策として、森林生態系の国土保全機能（土砂災害及び水害の防止など）や水源涵養機能（洪水緩和及び水資源貯留）の活用が有効である。

【森林生態系の国土保全機能とは】

　森林生態系は、降雨の際、雨滴が落ちてくる時に立木や地表面にある落葉、落枝、植生に当たることで落下時のエネルギーを減少させて、土壌に当たる時の衝撃を和らげるとともに、地表面を流れる水の流速を緩和する効果があり、結果として土壌の崩壊、侵食を防ぐ働きをしている（図3.3「森林の表面侵食防止機能」）。また、樹木や植生が地下に根を張りめぐらしていることによって土壌・地盤を固定して、すべりに抵抗する力が大きくなり、結果として表層崩壊を防ぐ働きをしている（図3.4「森林の崩壊防止機能」）。これらの効果と働きは、降雨をともなう強風や台風などの異常気象にも有効である。

【森林生態系の水源涵養機能とは】

　森林生態系の土壌表面には、植物が枯れて落ちた枝・葉などの多くの堆積物があり、そこには小動物や微生物など多くの土壌生物が生息している。この土壌生

〔地表の様子の比較〕

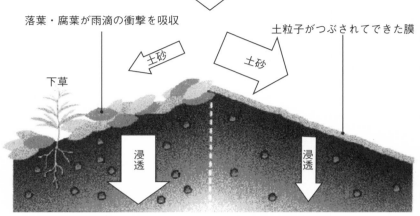

図3.3　森林の表面侵食防止機能　参考文献4）

〔樹木の根の様子〕

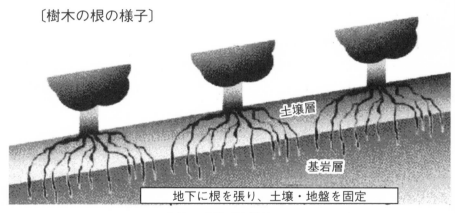

図3.4　森林の崩壊防止機能　参考分館4）

物の活動により、森林生態系の土壌には「孔隙（こうげき）」と呼ばれる大小無数の孔が存在しスポンジのようになり、大きな孔隙では雨水はすみやかに地中に浸透し、小さな孔隙ではゆっくり移動し保水の機能も持つようになる。このため、

土壌は多量の降雨があった場合は一度に大量の水を流出させないように、逆に降雨のない場合でも徐々に水を流出させる働きを持っている。すなわち、森林生態系の土壌は、降雨を一時貯留し、徐々に移動流出させることで水の流出を平準化する水源涵養機能を有する。この機能によって、洪水や渇水は緩和され、川の流量は安定化される。また、雨水が森林内の土壌を通過することにより、水質は浄化され、自然のミネラル分を含むおいしい水が作り出される。さらに、土壌の保水機能は森林の乾燥化や水ストレスの増大を防ぐ働きがある。

森林生態系の国土保全機能や水源涵養機能を活用した適応技術

　ここに挙げる適応技術は、森林生態系の国土保全機能と水源涵養機能を高い状態に維持することで、短時間強雨や異常豪雨、気温上昇や降水パターンの変化（乾燥化、水ストレスの増大）などの気候変動の影響に対して、ストレスに強い森林環境を形成する手法である。

　森林生態系の国土保全機能及び水源涵養機能を高い状態で維持するためには、森林生態系の保全対策・技術が重要になる。森林生態系の保全対策は、1）広域的調査・評価、2）森林の現況調査・判断（状況把握）、3）実施計画立案（目標設定）、4）整備・保全の実施、5）モニタリングの実施・評価、改善の実施、以上のフローに沿って実施する（図3.17「土砂流出防止機能の高い森づくりフロー」P.135参照）。

　森林生態系の保全対策・技術の具体的な内容は、3章「7自然災害・沿岸地域分野」の「気候変動のストレスに強い国土（土壌環境）の形成—森林生態系の保全対策・技術—」（P.133）に記述する。

環境ミニセミナー 森林生態系の機能と気候変動対策（緩和と適応）

　植物には、半永久的に利用可能な太陽からの光エネルギーを利用して、大気中の CO_2 を有機物として固定するという重要な働きがあります。特に樹木は幹や枝・根などの形で大量の炭素を蓄えています。また、製品として木材を住宅や家具等に利用することは、木材中の炭素を長期間にわたって固定することになります（炭素固定効果）。さらに、木材は合成樹脂や鉄等の資材に比べて、製造や加工に要するエネルギーが少なく、製造・加工時の CO_2 の排出量が抑制されることになります（省エネルギー効果）。加えて、木質バイオマスのエネルギー利用は、大気中の CO_2 濃度に影響を与えない「カーボンニュートラル」の特性を有しており、化石燃料の代替として使用することで、化石燃料の使用を抑制することができます（化石燃料使用抑制効果）。（図 S.7「森林を基幹とした緩和策（CO_2 排出削減）」参照）

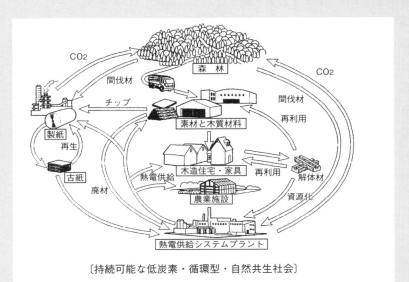

〔持続可能な低炭素・循環型・自然共生社会〕

出典：紙パ技協　第57巻第10号「森林の二酸化炭素吸収の考え方」（藤森隆郎、2003年）

図 S.7　森林を基幹とした緩和策（CO_2 排出削減）

以上のように、森林生態系は、CO_2吸収・固定、省エネルギー、化石燃料使用抑制の効果があり、気候変動の緩和策として重要な役割を担っています。

　また、森林生態系は、CO_2吸収・固定のほかに、国土の保全、水源の涵養、生物多様性の保全、快適環境形成等の機能も有しており、強雨・豪雨、気温上昇、乾燥化などの気候変動の影響に対する適応策としても重要な役割を担っています。

　従って、気候変動対策（緩和と適応）は、森林生態系のこれらの機能を最大限に発揮させるため、水・土壌の保全、及び植栽（造林）、下刈り、除伐、間伐、病虫害・鳥獣害対策防除、希少動植物保護、外来種対策などの森林の整備・保全がますます重要になります。

水産業分野

　水産業分野に関しては、地球温暖化による気温・水温の上昇や酸性化[注]、気候変動による海洋・湖沼の生態系の変化等により、海面・内水面漁業や養殖業に影響を与える。このため、環境変動下における資源量の把握や漁場予測の精度向上、高水温への耐性を持つ養殖品種の開発や魚病への対策等により、環境の変化への適応を進めていくことが重要となる。

注）環境ミニセミナー「海洋の酸性化とは…、その影響と対策は…」P.103参照

１．気候変動の影響と適応策技術

　水産業に及ぼす気候変動の影響は、分野・場所などによってさまざまであり、それぞれの影響の将来予測等を踏まえた計画的な適応策を講じることが必要になる。平成27年８月に「農林水産省気候変動適応計画」が策定され、水産資源・漁業・漁港等の分野については、「海面漁業」「海面養殖業」「内水面漁業・養殖業」「造成漁場」「漁港・漁村」の項目毎に気候変動の影響と適応策が挙げられている。それに沿って、水産業に及ぼす気候変動の影響と適応策技術の概要を表3.3-1に示す。

表3.3-1　**水産業に及ぼす気候変動の影響と適応策技術**　参考文献１）２）

分　野	気候変動の影響	適応策技術
海面漁業	・海水温の変化に伴う海洋生物の分布域の変化が世界中で見られ、それに伴い漁獲量が変化。沿岸域においては、南方系魚種の増加や北方系魚種の減少、また、藻食性生物の食害を原因とする藻場減少に伴い、イセエビやアワビなどの漁獲量減少。	・様々な水産資源の産卵海域や主要漁場における海洋環境について調査し、海洋環境の変動等による水産資源への影響等の把握。また、環境変動下における資源量の把握や予測、漁場予測の高精度化と効率化を図る。 ・マグロ類やカツオ等の高度回遊

分　野	気候変動の影響	適応策技術
	・海洋生態系は、継続的な地球温暖化による影響の他、十～数十年スケールの周期的な地球規模の気候変動による影響。 ・海洋酸性化を原因とする海洋生態系の変化は、現時点では特定されていないが、IPCC 第 5 次評価報告書において、極域やサンゴ礁などの海洋生態系に相当のリスクをもたらすことが指摘されている。 ・漁獲量の変化や分布域の変化には、気候変動以外の様々な要因が関連することから、影響の予測は不確実性を伴う。	性魚類については、気候変動の影響を受けて変動すると考えられる環境収容力等の推定を目的とし、資源情報、ゲノム情報、海洋情報等、多様なデータの収集と、それらデータの統合・解析システムの開発。 ・有害プランクトン大発生の要因となる気象条件、海洋環境条件を特定し、衛星情報や各種沿岸観測情報の利用による、リアルタイムモニタリング情報を関係機関に速やかに提供するシステムの構築。 ・海洋環境の変化が放流後のサケ稚魚等の生残に影響することが指摘されているため、海洋環境の変化に対応しうるサケ稚魚等の放流手法等の開発。
海面養殖業	・海水温の上昇の影響と考えられる、ホタテガイの大量へい死やカキのへい死率の上昇、生産量の変化などが各地で報告されている。養殖ノリについては、秋季の高水温により種付け時期が遅れ、年間収穫量減少の事例。 ・生態系の変化を介した影響としては、アコヤガイ等に影響を与える赤潮の長期化や熱帯性有毒プランクトンによる貝類の毒化、ナルトビエイ等の南方系魚類の分布拡大にともなうアサリ増殖への食害の影響など。 ・養殖では、高水温化による夏季のへい死率増加、秋冬季の成長促進、高水温化による成長の鈍化や感染症発症リスクの増大。また、養殖適地の北上や養殖不適海域の拡大（予測）。 ・海洋の酸性化による海洋生物への影響や、珊瑚礁などの脆弱な海洋生態系への脅威上昇。炭酸カルシウム骨格・殻を有する軟体動物、棘皮動物等は酸性化の影響を受けやすい種類が多く貝類養殖等への影響（予測）。 ・他に、高水温化により赤潮発生の頻度が増加し、二枚貝等のへい死リスクの上昇（予測）。	・養殖業に大きな影響を及ぼす赤潮プランクトンの発生に、気候変動との関連性に関する調査研究。メタゲノム解析技術等を利用して、新たな脅威となりつつある熱帯・亜熱帯性赤潮プランクトンの出現を高感度で探知できる手法の開発と、これらプランクトンの生理・生態的特性を把握し、発生予察、予防技術、対策技術の開発に活用。 ・海面養殖漁場における成長の鈍化等が懸念されるため、高水温耐性等を有する養殖品種の開発等。海藻類については、高水温耐性を持った育種素材の開発や、ワカメ等の大型藻類の高温耐性株の分離等による育種技術の開発。 ・高水温時に多発することが予測される魚病や水温上昇に伴って熱帯及び亜熱帯水域から日本へ侵入が危惧される魚病への対策指針を作成し、各種対策技術を開発。水温上昇によって、未知の魚病が発生する可能性が高くなると考えられるため、病原体が不明の感染症について、病原体の特定、診断、対策等、一連の技術開発を体系化・強化し、

分　　野	気候変動の影響	適応策技術
		未知の魚病が発生した際に迅速に対応。また、多くの魚病へ対応できるワクチンの開発・普及。今後、これらの魚病対策と並行して、最新の育種技術を用いて、温暖化にともなって発生する各種魚病への抵抗性を示す家系を作出し、養殖現場への導入を図る。 ・アサリなどの二枚貝を食するナルトビエイなど水温上昇に伴い出現する種のモニタリングや生態調査をすすめ、生態系や養殖への悪影響を防ぐための管理技術の開発、及び効率的な捕獲方法や利用技術ならびに高付加価値化技術の開発。また、海水のpHに影響する二酸化炭素分圧の日周変動の幅が大きいことが知られているが、生物への影響機構について未解明であることから、これを明らかにして二枚貝養殖等への酸性化の影響予測と、予測に基づいた対策技術の開発。
内水面漁業・養殖業	・一部の湖沼では暖冬により湖水の循環が弱まり、湖底の溶存酸素が低下し貧酸素化する傾向。また、アユについては、国内のアユ資源は近年減少傾向。 ・湖沼や貯水池は、気温・水温の上昇により内部での成層（上層の密度が下層よりも小さくなり、上層と下層が混ざりにくくなる現象）の強化による貧酸素化の進行や植物プランクトンの種組成や生産が影響を受ける等、河川以上に厳しい変化が予想されている。特に、富栄養化が進行している深い湖沼では、その影響が強い。 ・気候変動により、異常洪水や異常渇水が発生し、河川流量の変動幅が大きくなるとともに、土砂・物質の流出量が増加し、水質や河床の環境に影響。また、積雪量や雪解け時期の変化により流量パターンが変化。 ・ワカサギについて、高水温によ	・気候変動に伴う河川・湖沼の環境変化がサケ科魚類、アユ等の内水面における重要資源の生息域や資源量に及ぼす影響評価に取り組む。内水面養殖漁場における成長の鈍化等が懸念されるため、高水温耐性等を有する養殖品種の開発等。 ・高水温により漁獲量減少が予測されているワカサギについて、給餌放流技術を高度化するため、種苗生産の安定化、量産化および簡易化を目指し、餌料プランクトンの効率的生産技術の開発、種苗生産時の最適な飼育密度・餌料密度の解明、粗放的かつ大量生産可能な種苗生産技術の開発。 ・高水温に由来する疾病の発生等に関する情報の収集。水温上昇により被害の拡大が予測される内水面魚類の疾病については、病原体特性及び発症要因の研究とそれを利用した防除対策技術

分　野	気候変動の影響	適応策技術
	る漁獲量減少（予測）。アユについて、一部の河川で水温の上昇により、アユ遡上数の減少（予測）	の開発。
造成漁場	・日本沿岸の藻場について、カジメ科藻類の分布南限の北上化や暖海性藻類の種数増加のほか、アイゴなどの植食性魚種の摂食行動の活発化と分布域の拡大、これにより藻場の減少、藻場を生息場とするイセエビやアワビの漁獲量の減少。 ・世界中で海水温の変化に伴う海洋生物の分布域の変化と、それに伴う漁獲量の変化。海水温の上昇による藻場の種構成や現存量の変化による、アワビ等の磯根資源への影響（予測）。 ・多くの漁獲対象種の分布域の北上（予測）。	・海水温上昇による海洋生物の分布域・生息場所の変化を的確に把握し、それに対応した水産生物のすみかや産卵場等の漁場整備。 ・藻場造成に当たっては、現地の状況に応じ、高水温耐性種の播種・移植を行うほか、整備実施後は、藻の繁茂状況、植食性動物の動向等についてモニタリングを行い、状況に応じて植食性魚類の除去などの食害生物対策等の実施など、順応的管理手法を導入したより効果的な対策の推進。 ・気候変動に適応した漁場造成の基盤として、これまで蓄積されてきた観測データならびに漁獲データ等を解析して気候変動が地先ごとの沿岸資源に及ぼす影響を評価する手法に関する技術開発。 ・磯焼け原因生物の分布特性、食性、季節変化等を把握し、温暖化予測モデルを活用して、分布域や影響の変化の予測。環境変動に比較的強いと考えられる海藻を選定し、その増殖手法の開発。
漁港・漁村	・海面水位の上昇や強い台風の増加等による高潮偏差・波浪の増大。これにともなう高波被害、海岸侵食等のリスクの増大。 ・海面上昇により施設等が浸水し、漁港機能に影響。 ・高波については、強い台風の増加等による高波のリスク増大や、波高や高潮偏差増大による漁港施設等への被害等（予測）。さらに、波高、波向、周期が変化することにより、港内の静穏度（波高が小さい状態）に影響。 ・海面の上昇や台風の強度の増大により、海岸の侵食（予測）。	・高波の増加などに対応するため、気候変動による影響の兆候を的確に捉えるための潮位や波浪のモニタリングの実施と、防波堤、物揚場等の漁港施設の嵩上げや粘り強い構造を持つ海岸保全施設の整備等。また、水位上昇や高波の増加に対応したインフラ施設の設計条件と低コストな既存施設の改良手法の開発。

２．生態系の機能（恵み）を活用した適応技術

　水産業に及ぼす気候変動の悪影響としては、水温上昇、塩分低下、海洋酸性化などによる漁獲量と構成種の変化、食害生物の増加・活性化等が挙げられる。これらの悪影響に対する適応策として、海洋生態系（水域生態系）の食物連鎖や物質循環などの機能を活用した「水産対象種を中心とする生態系の保全対策・技術」が重要になる。

【水産対象種を中心とする生態系の保全対策・技術とは】

　海洋生態系（水域生態系）では、①生産者の植物プランクトンや海草・海藻（種子・被子植物）などは太陽光からエネルギーを取り込み、水中に溶存する窒素・リンなどの栄養塩類や二酸化炭素（CO_2）を吸収し、光合成によって有機物（糖類）をつくり増殖・成長し、②一次消費者のバクテリアは、水中に溶解する有機物を分解して増殖し、③二次消費者の微小動物は、これを捕食して成長し、④さらにこれを捕食する三次消費者の魚介類が捕食し成長し、⑤枯死した植物プランクトン、動物プランクトンや魚などの死がいは、海底に沈殿し、微生物によって分解される（「海洋生態系」P.7参照）。

　水産対象種を中心とする生態系の保全対策・技術とは、上述の水域生態系の食物連鎖や物質循環の機能などを活用し、水産対象種の生息環境である水域生態系を調整、管理（整備・改善等）することによって、漁獲量と構成種の変化、食害生物の増加・活性化等の気候変動の悪影響を回避・軽減する手法である。

気候変動に対応した漁場整備対策（生態系の保全対策・技術）

　気候変動に対応した漁場整備対策は、気候変動以外の不確定要因も絡み合い、着実な方法が見いだしにくい場合もある。さらに、過去の環境変化や漁獲量・構成種の動向より近未来を予測する場合には、予測期間が長いと精度の低下が懸念される。このため、水産対象種の世代時間や整備効果の発現時間、漁場施設の耐用年数など総合的に評価・判断しながら、漁場整備の効果に応じて事業の規模や進め方を改善できる順応的管理（PDCAサイクル）に従って対策を実施することが必要になる。

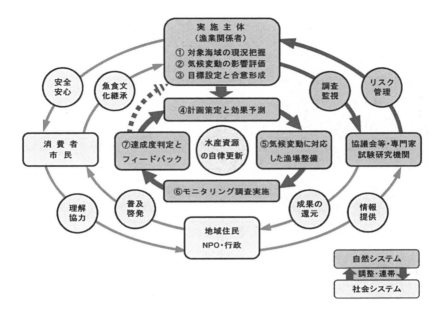

図3.5　気候変動に対応した漁場整備の実施手順　参考文献3）

　水産庁では「気候変動に対応した漁場整備方策に関するガイドライン（平成29年6月）」を策定し、気候変動に対応した漁場整備の実施手順を示している（図3.5）。これを参考にすると、1）対象海域の現況把握、2）気候変動の影響評価、3）目標設定と合意形成、4）計画策定と効果予測、5）気候変動に対応した漁場整備、6）モニタリング調査実施、7）達成度判定とフィードバック、以上の手順で実施することになる。ただし、上述の漁場整備の対象とする施設は、増殖場および魚礁、対象海域としては、藻場・岩礁域、干潟・砂浜域、サンゴ礁、および沖合・沿岸域である。

【実施手順】

1）対象海域の現況把握

　　　漁場整備の実施対象海域、および対象生物の生活史をふまえた関連海域における、気候変動に関わる環境情報（海水温、水位、酸性化等）及び生物情

報（出現種、被度、個体数、サイズ等）を収集・整理する。

2）気候変動の影響評価

　　環境情報や生物情報の時系列データにおけるトレンド（長期的傾向）の有無や変動幅、対象生物の漁獲水温や適水温などの生態的特性をもとに、気候変動が対象生物の出現状況に及ぼす影響を判定する。判定が困難な場合には、簡易な現地試験や飼育試験等を実施する。影響の整理結果から、地域にとって優先度の高い項目を特定するため、既往知見や先行事例を参考に検討を行う。

3）目標設定と合意形成

　　気候変動に伴う対象生物の増減や、新たに発生や加入が期待できる水産対象種を含めた水産資源の増産目標（個体数、被度、面積等）、および漁場の整備目標（漁場施設の種類や構造、造成水深や配置条件、漁場整備の推進体制等）を設定し、関係者間（漁業関係者、行政、試験研究機関、専門家等）で認識を共有する。

4）計画策定と効果予測

　　対象生物の世代時間や造成効果の発現時間を目安に、PDCA サイクルの1周期に相当する期間で実施可能な漁場整備計画を策定する。さらに、計画に基づいて漁場整備が実施された場合の増産効果（個体数、被度、面積等）を計画段階で予測し、効果検証時（項目7）の評価対象として活用する。

5）気候変動に対応した漁場整備（保全策・適応策）

　　造成規模、工法、優先順位等を選定して、本ガイドラインの4.1(3)にもとづいて、気候変動に対応した保全策や適応策を実施する。表3.3-2（P.99～101）に気候変動の影響とそれに対応する対策（保全策・適応策）を藻場・岩礁域、干潟・砂浜域、サンゴ礁、沿岸・沖合域、沿岸域のそれぞれの海域ごとに示す。

6）モニタリング調査実施

　　計画段階（項目4）で予測した造成効果を検証するために必要不可欠な項目について、環境情報（海水温等の気候変動の状況を含む）および生物情報を調査する。モニタリング調査では、あらゆる項目を長期に亘って監視する

表3.3-2　気候変動に対応した漁場整備対策（保全策・適応策）一覧表 参考文献３）

対象	気候変動	影響	対策（保全策・適応策）	
			短期的	中長期的
			概ね10年以内	中期（概ね30年以内）〜長期（概ね100年以内）
藻場岩礁域	水温上昇・塩分低下	食害生物（ウニ類）の増加・活性化	食害生物の除去 食害の防御（流動促進、フェンス等） 密度管理・種苗放流の抑制 食害生物の有効利用	多様な主体による管理体制の普及 簡易型磯焼け監視技術の普及
		食害生物（魚類）の増加・活性化	食害生物の除去（漁獲） 食害の防御（混植等） 食害生物の有効利用	食害生物の効率的漁法の普及、高付加価値化・販路拡大
		構成種の変化（高水温による衰退、藻場の遷移）	高水温耐性種の移植・基質確保 生物多様性（対象種の適水温の変化）に配慮した材質、構造形式の選定	藻場情報プラットフォームの活用 適種・適地選定造成技術の普及
		分布域の北上	局地性湧昇域等冷水域の保全強化	海況・生態系高度化モデルの活用
		磯根資源（アワビ・イセエビ等）の減少	餌料効率・着底に有利な藻場造成 水温変動を加味した造成適地選定	
		産卵・保育場機能の低下	藻場縁辺域の産卵・保育場創出 漁港外郭施設等の産卵・保育場創出	海洋・魚類動態（回遊・分布・資源量等）予測モデルによる造成適地選定
	気象災害の激甚化	海藻草類の流失	播種・移植・基質確保、消波対策	
		磯根資源の成長阻害	寄り藻捕捉施設の整備	
	海面水位の上昇	分布水深帯の変化	嵩上げ・基質確保	
	海洋の酸性化	石灰化海藻の減少		簡易型磯焼け監視技術の普及
		磯根資源（ウニ・アワビ等）の成長阻害		炭素循環モデルをふまえた耐性種の種苗放流

対象	気候変動	影響	対策（保全策・適応策）	
			短期的	中長期的
			概ね10年以内	中期（概ね30年以内）～長期（概ね100年以内）
干潟砂浜域	水温上昇・塩分低下	食害生物（ナルトビエイ等）の増加・活性化	*食害生物の除去（刺網）等 食害の防護（被覆網、立て杭等）*	食害生物の利用促進・販路拡大
		貧酸素水塊の形成・遡上	*曝気、防除幕、地盤高調整 浚渫・耕耘・覆砂による形成緩和*	潜砂性二枚貝の垂下増殖
		浮遊幼生ネットワーク脆弱化	*親貝の保護、作澪 覆砂材・基質等による着底促進*	浮遊幼生ネットワークをふまえた幼生着底促進技術の進展
	気象災害の激甚化	出水による低塩分化、浮泥堆積、底質細粒化	*移植、耕耘、覆砂*	
		出水流路変化・河口閉塞	*地盤高調整、作澪、移殖放流*	
		高波浪による分散・打上げ	*覆砂材による流出抑制、深所化*	
	海面水位の上昇	構成種・分布域の変化	地盤高調整・移植	干潟再生・移植技術の進展
		食害の増加 水質浄化機能の停滞	食害生物の除去、食害の防護 生物多様性（対象種の適水温の変化）に配慮した材質、構造形式の選定	食害生物の利用促進・販路拡大 多様な主体による管理体制普及
	海洋の酸性化	貝殻の溶解・脆弱化 成長阻害		炭素循環モデルをふまえた耐性種の種苗放流

対象	気候変動	影響	対策（保全策・適応策）	
			短期的	中長期的
			概ね10年以内	中期（概ね30年以内）～長期（概ね100年以内）
サンゴ礁	水温上昇・塩分低下	白化・適水温帯の北上	*サンゴの移植・増殖*	
		食害生物（オニヒトデ類）の増加・活性化	*食害生物の除去、食害の防護*	**多様な主体による管理体制普及**
	気象災害の激甚化	高波浪（瓦礫）による破壊	*瓦礫からの防御（蛇籠等）*	
		出水による赤土流入	*水質保全対策*	
	海洋の酸性化	石灰化機能の低下		**炭素循環モデルをふまえた耐性種移植**
沿岸・沖合域	水温上昇・塩分低下	成層強化・混合層深度低下による基礎生産の変化	*人工湧昇流発生構造物、鉛直混合促進構造物の設置*	**人工湧昇（基礎生産）域の創出に基づく温暖化適応型漁場整備の進展**
	海洋の酸性化	円石藻等の生長阻害		**炭素循環モデル、海況・生態系高度化モデルによる温暖化影響評価**
沿岸域	水温上昇・塩分低下	構成種の変化	*生物多様性（対象種の適水温の変化）に配慮した材質、構造形式の選定*	**魚礁情報プラットフォームの運用 新魚種の高付加価値化・販路拡大**
		回遊経路や回遊時期（漁期）の変化	*漁況変化に適応した漁場（水深、機能）の分散配置と連携強化*	**海洋・魚類動態（回遊・分布・資源量等）予測モデルの活用**
		暖水種の北上、冷水種の減少、産卵水深の増加	*大水深域における漁場整備の充実 高層魚礁等による適応水深帯の拡張*	**人工湧昇（冷水）域の創出に基づく温暖化適応型漁場整備の進展**
		貧酸素水塊の発達・波及	*低酸素抑制施設、鉛直混合促進構造物の配置*	**貧酸素水塊挙動予測・警戒システムの各海域への普及**
	気象災害の激甚化	海底撹乱	*気候変動による沿岸外力の変化をふまえた施設安定性の確保*	

注）対策（保全策・対応策）の区分は右の通り。斜体：保全策に力点をおいた対策、ゴシック：適応策に力点をおいた対策

ことは便益的に困難なため、造成前および造成漁場の供用開始時期と、その後の長期的な管理時期でモニタリングの内容や実施体制を差別化するなど、調査を継続できる体制づくりが求められる。

7）達成度判定とフィードバック

　　モニタリング調査の結果が効果予測（項目4）を満たしているかについて、海水温等の気候変動の状況と、対象種、被度、個体数、面積等から判定する。目標が達成できない場合には、事業の進め方を再検討・改善し、実施計画にフィードバックする。

環境ミニセミナー 海洋の酸性化とは…、 その影響と対策は…

海洋の酸性化

　大気中のCO_2が増加し、それが海水中に溶け込むと、CO_2は水と反応して解離し水素イオン（H^+）を放出しますので、海水の pH は低下（酸性化）します。また、溶存態二酸化炭素（CO_2aq：解離せず海水中に分子として存在するCO_2）も増加するので、海水のCO_2分圧が高くなります。

$$CO_2 + H_2O \Leftrightarrow CO_2aq\ (H_2CO_3) \Leftrightarrow HCO_3^- + H^+ \Leftrightarrow CO_3^{2-} + 2H^+$$

　海水の平均的な pH は、産業革命以前の大気中のCO_2濃度280ppm では8.17程度でしたが、現在までに約0.1低下していて、特に近年では10年で約0.02低下して、低下の程度が著しく、このまま大気中のCO_2濃度が増加すれば、海洋の酸性化がより一層進むものと考えられています。

その影響は

以下のような影響が考えられます。

▶　海洋には、有孔虫、円石藻、サンゴ類、ウニ類、貝類など炭酸カルシウム（$CaCO_3$）の殻及び骨格を持つ生物が多く生息し、海洋の表層に豊富に存在するカルシウムイオン（Ca^{2+}）と重炭酸イオン（HCO_3^-）を利用して殻や骨格を形成します。

$$\overset{\leftarrow 石灰化}{CaCO_3 + CO_2 + H_2O \underset{溶解\rightarrow}{\Leftrightarrow} Ca^{2+} + 2HCO_3^-}$$

　しかし、海水が酸性化すると、上記の反応式が溶解の方向に働き、炭酸カルシウムの生成が阻害され、溶解が促進し、生物は殻や骨格を形成しにくくなってしまいます。

▶　水生動物は生息環境と体内のCO_2分圧差が陸上動物に比べて小さいため、生息環境である海水のCO_2分圧のわずかな変化でも体内のCO_2分圧に及ぼす影響は大きく、水生生物の体液を酸性化させるなど代謝への影響が懸念されます。

▶ 　海洋の酸性化は、海水中の CO_2 を増加させることで、サンゴ礁の褐虫藻や円石藻などの水生生物の光合成活性を促進させることが考えられます。

▶ 　以上のような水生生物への影響により、生態系のバランスが崩れ、水産物生産、生物資源（生物多様性）保全、水環境保全（水質浄化）、国土保全（暴風・高波被害抑制）など生態系機能（生態系サービス）の低下が懸念されます。

▶ 　上述の反応式は、水温が低いほど溶解の方向に働き、炭酸カルシウムの生成を阻害し、溶解を促進する無機化学的な性質があります。このため、海洋の酸性化の影響は深層などの水温の低い海域で現れやすく、海底（地殻）の石灰岩（炭酸カルシウム）の溶解により、閉じ込められていた炭素が放出されて、海洋の酸性化が加速化することが懸念されます。

　海洋酸性化の生態系への影響は、現在詳細な研究が始まったばかりで、どのような影響が、いつ頃、どんなところに、どの程度でるのか、明らかになるにはもう少し時間が必要のようです。

その対策は

　海洋の酸性化は、大気中の CO_2 濃度の増加により一層進行し、その結果、生態系（エコシステム）のバランスが崩れ、海洋の CO_2 吸収・固定効果が低下する悪循環が考えられ、大変深刻です。その対策は、現在のところ、大気中の CO_2 濃度を削減すること以外にありません。

4 水環境分野

　水環境分野における気候変動の影響としては、河川や湖沼、海洋などの水域における水温の変化、水質の変化、流域からの栄養塩類等の流出特性の変化などが挙げられる。このため、水質のモニタリングや将来予測に関する調査研究と、それに対応する水質保全対策等により、環境の変化への適応を進めていくことが重要となる。

1. 気候変動の影響と適応策技術

　水環境に及ぼす気候変動の影響は、河川、湖沼、海洋等の水域の種類や水質の項目などによってさまざまであり、それぞれの影響の現況と将来予測等を踏まえた計画的な適応策を講じることが必要になる。平成27年11月に策定された「国土交通省気候変動適応計画」などを参考に、水環境に及ぼす気候変動の影響と適応策技術の概要を表3.4に示す。

表3.4　水環境に及ぼす気候変動の影響と適応策技術　参考文献1）2）

分野	気候変動の影響	適応策技術
水環境全般	・気候変動によって、水温の変化、水質の変化（DO低下、藻類繁殖、生物反応促進、酸性化等）、流域からの栄養塩類等の流出特性の変化。	・水質のモニタリングや将来予測に関する調査研究と水質保全対策の推進。具体的には、気候変動に伴う水温上昇など水域の直接的な変化だけでなく、流域からの栄養塩類や土砂等の流出特性の変化に関する調査。さらに、栄養塩類やマイクロプラスチック等の負荷低減、下水道の高度処理などの水質保全対策の他、渇水・浅化対策の強化。

分野	気候変動の影響	適応策技術
湖沼・貯水池	・水温変化に伴う、底層貧酸素化や、水草、赤潮、青潮など異常繁茂・繁殖の発生リスクの増大。 ・異常気象に伴う、土砂流入による浅化、流入量の変動による汚濁負荷増大、及び生態系への影響。	・水温の変化に伴う生態系への環境影響調査（モニタリング）の実施。 ・貯水池の選択取水設備、曝気循環設備等の水質保全対策の実施。
河川	・温暖化による降水量の増加は、土砂の流出量を増加させ、河川水中の濁度の上昇をもたらす。 ・台風のような異常気象の増加により浮遊砂量の増加。降水量が増加すると河川流量が変化し、土砂生産量が増加（予測）。 ・水温の上昇によるDO（溶存酸素）の低下、溶存酸素消費を伴った微生物による有機物分解反応や硝化反応の促進、藻類の増加による異臭味の増加等（予測）。	・気候変動が河川環境等に及ぼす影響について、引き続き水質のモニタリング等を行いつつ、科学的知見の集積。
沿岸域及び閉鎖性海域	・沿岸域及び閉鎖性海域については、有意な水温上昇傾向の報告。 ・海面上昇に伴い、沿岸域の塩水遡上域の拡大（予測）。	・気候変動が水質、生物多様性等に与える影響や適応策に関する調査研究を推進し、科学的知見の集積。 ・港湾域、内湾域における水温変化に伴う底層環境変化の検討や、底層貧酸素化や赤潮、青潮の発生リスクの将来予測に関する検討。

２．生態系の機能（恵み）を活用した適応技術

　水環境分野における気候変動の悪影響としては、河川や湖沼、海洋などの水域における水温や水質（DO低下、藻類繁殖、生物反応促進、酸性化等）、流出入特性（土砂や栄養塩類等）の変化などが挙げられる。

　これらの悪影響に対する適応策として、それぞれの水域の生態系の水質浄化機能の活用が有効である。

【水域生態系の水質浄化機能とは】

　地球上では水は常に循環して（図1.11「地球の水循環」P.14参照）、その過程で生態系の水質浄化機能によって清澄な水を確保し、健全な水環境を維持できるよ

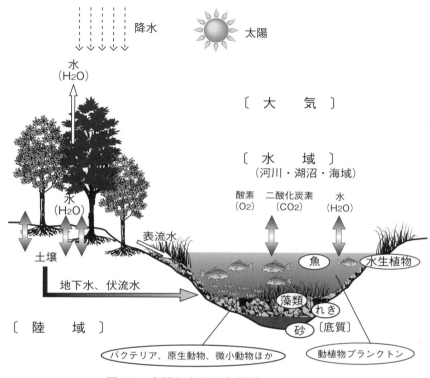

図3.6 水域と水辺の生態系 参考文献3）

うになっている。特に、河川、湖沼、海洋などの水域の周辺（水辺）の水環境には多様な生物が生息し、豊かな生態系が構築され、食物連鎖を通じた浄化などの水質浄化機能が高い(図3.6)。

水域生態系の食物連鎖による水質浄化機能は、低次レベルの付着藻類や植物プランクトン及びバクテリア、高次レベルの動物プランクトンや原生動物

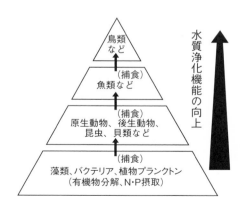

図3.7 水域の生態系ピラミッド
（参考文献4）をもとに作成）

及び後生動物などの生物群が大きく貢献し、それらの関係はピラミッド型で表される（図3.7）。ピラミッドの底辺を支えるのは、窒素やリンなどの栄養塩類を摂取する一次生産者の付着藻類や植物プランクトン、及び有機物を分解する一次消費者のバクテリアである。これらを捕食して生活する動物プランクトンや原生動物及び後生動物が二次消費者であり、さらにこれらを捕食する魚類が三次消費者となる。従って、多様な種類の生物が生息する高いピラミッドほど、捕食による汚濁物質などの分解能力が高く、水質浄化機能が向上していることになる。

また、有機物を含む汚濁水が河川等の水域を流下・移動すると水質の浄化は進行する。水が流動する際に起こる汚濁物質の運搬、希釈、拡散、沈殿などの物理的浄化、汚濁物質の化学的酸化・還元、吸着、凝集などの化学的浄化、及び底質や水中の生物による酸化・還元などの生物学的浄化のいずれも水域生態系の水質浄化機能である。

このような水域生態系の水質浄化機能は、生態系における物質循環が損なわれない自己再生（浄化）の許容範囲内であれば、気候変動による水温（熱収支）や水質（DO低下、藻類繁殖、生物反応促進、酸性化等）、流出入特性（土砂や栄養塩類等）の変化などにも対応することができる。

気候変動のストレスに強い水環境の形成—水域生態系の保全対策・技術—

気候変動のストレスに強い水環境を形成するためには、河川等の水域の生態系の水質浄化機能を高い状態で維持する、水域生態系の保全対策・技術が重要になる。

水域生態系の保全対策・技術は、1章[11]の地球生態系の保全対策（P.37）と同様に、水域の環境問題に関係する物質・エネルギー（水、熱、有機物／COD・BOD、栄養塩類／N・リン・カリ、炭素、炭化水素類、有害化学物質など）の水域生態系における物質循環のメカニズムを把握し明確にしたうえで[注1]、「（1）水域生態系への負荷の低減〔持続可能な循環型水環境の形成〕」を図り、「（2）不健全な水域生態系の修復と健全で恵み豊かな水域生態系の創出」を推進することが重要となる。

（1）水域生態系への負荷の低減〔持続可能な循環型水環境の形成〕

　水域生態系への負荷の低減は、水域の環境問題に関係する物質・エネルギー（水、熱、有機物／COD・BOD、栄養塩類／N・リン・カリ、炭素、炭化水素類、有害化学物質など）に関して、水域生態系における摂取と排出の収支を予測[注2]して、水域の生態系の浄化・再生能力の許容範囲を超える摂取や排出はしないよう、人間社会における物質とエネルギーの循環率を高め、水域生態系への負荷の低減を図る（図1.21「人間社会と地球生態系の関わり」P.35参照）。すなわち、持続可能な循環型水環境を形成する（図3.8）。

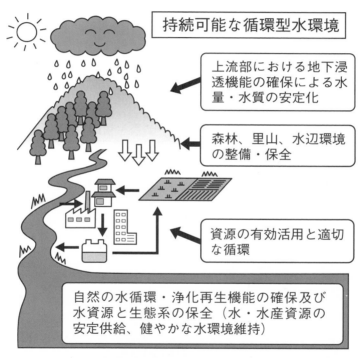

図3.8　持続可能な循環型水環境の形成　（参考文献4）をもとに作成）

（2）不健全な水域生態系の修復と健全で恵み豊かな水域生態系の創出

　不健全な水域生態系の修復と健全で恵み豊かな水域生態系を創出するため、人間の活動と水域生態系の不健全化の関係（図3.9）を明確にして、それに沿って対策を講じ、人間の諸活動と水域生態系（物質循環）を調和させ、自然との共生を図る。

基本的な対策

a）　人間の諸活動によって排出された汚濁負荷の除去（接触酸化法、植生浄化法、底泥の浚渫・被覆など）

b）　人間の活動によって失われた自然的要素の修復・復元により、水域の生態系の健全化を図る。

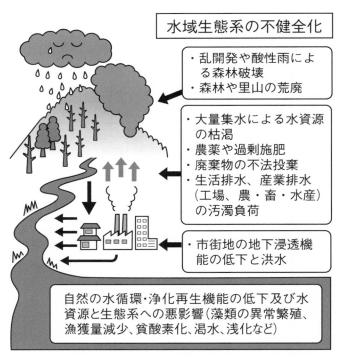

図3.9　人間活動と水域生態系の不健全化の関係 （参考文献４）をもとに作成）

［例］

▶ 水生植物及びその周辺に生息する付着生物や小動物を保護し、これらの生物による水質浄化機能により、汚濁負荷の低減を図る。

▶ ビオトープづくりをとおして、特定の生物（絶滅危惧種など）を生息させるための環境を修復・復元する（環境ミニセミナー「ビオトープによる修復・復元」P.112参照）。

▶ バイオマニピュレーション注3) 手法を導入する。

c） 集水域における自然環境保全地域の指定や規制による原生的な自然の保全、森林・農地・水辺・緑地・生物生息空間などの整備・保全

d） 集水域における山地、里地、平地の植生復元や生物生息環境の修復・保全

e） 生物多様性条約などに基づく生物多様性の確保や野生動植物の保護管理など

f） 人間社会から生態系に排出（液体・固体・気体）する場合、多様な生物が生息する生態系模擬領域（ビオトープ、人工干潟、人工林など）を設け、そこで一旦、馴化・馴致処理を行い、模擬的生態系になじませた後、自然生態系に排出する。

注1） 生態系における物質循環のメカニズムが不明瞭な物質・エネルギーは使用（排出・摂取）しないことを原則とする。

注2） 環境問題の原因となる物質は、他の物質やさまざまな生物と関連し合っているので、全体観に立って総合的に予測することが必要。また、生物反応など反応速度が遅い場合もあり、経時的・長期的に判断することも必要。

注3） バイオマニピュレーション（生態系操作）とは、人為的な操作によって水域の水質浄化や生態系の管理を行うこと。モニタリング調査の継続的実施など慎重な対応が必要。

環境ミニセミナー ビオトープによる修復・復元

　ビオトープとは、「生物が住む場所（生物生息空間）」という意味です。最近では、「生物が住みやすい環境のこと、または生物が住みやすいように環境を改変すること」を指します。ビオトープ作りとは、野生生物の生息・生育環境を保全・修復・創造し、地域の生物の多様性の保全と復元を図ることです。

　ドイツでは各地において人工化された水路などを再自然化し、豊かな生物相を回復することにより、環境の改善を図るビオトープ事業が実践されています。我が国でも1990年代頃から環境共生の理念のもとで、公共事業の多自然型川づくり（図S.8）、ミティゲーション（人間の活動による環境に対する影響を軽減するための保全行為）、里山保全活動などの取り組みが全国各地で繰り広げられています。

　ただし、ビオトープなど環境の改変を人為的に行うにあたっては、外来種の繁殖などにより在来の生物に悪影響を与えることのないよう、慎重な対応が求められます。

出典：国土交通省「多自然型川づくり」

図S.8　河畔林を活用した多自然型川づくり

⑤　水資源分野

　近年、世界各地で渇水の増加（頻発化・長期化）や水質汚濁が深刻化しており、原因として、人口増加にともなう水需要の高まりとともに、異常高温や局地的大雨・短時間強雨・干ばつ（降雨パターンの変化）など気候変動の影響が挙げられている。これらの悪影響は今後、長期にわたり拡大することが懸念されている。このため、このような現在生じている、また将来予測される水資源分野への気候変動の悪影響を回避・軽減する取り組みが重要になっている。

1.　気候変動の影響と適応策技術

　水資源分野への気候変動の悪影響としては、渇水リスクの増加（頻発化・長期化）や水質汚濁などが挙げられる。このため、地下水、農業・工業・生活用水など水資源のモニタリングや渇水リスクに関する調査・評価と、それに対応する地下水保全対策や雨水・再生水の利用の推進等の適応策が重要になってくる（表3.5-1）。

表3.5-1　水資源に及ぼす気候変動の影響と適応策技術　参考文献1）2）

分野	気候変動の影響	適応策技術
水資源	・温暖化によって干ばつのリスク増大。 ・融雪の早期化によって干ばつのリスク増大。 ・降雨パターンの変化による渇水の増加（頻発化、長期化）など。	・地下水や用水（農業・工業・生活）など水資源のモニタリング及び渇水リスクの調査・評価、情報共有、協働対応。 ・地下水涵養源（森林、農地、原野、裸地など）の保全・管理。 ・水使用の効率化、雨水・再生水の利用、人工涵養源の保全など。

2.　生態系の機能（恵み）を活用した適応技術

　前述のように、渇水リスクの増加などの水資源分野における気候変動の悪影響に対する適応策としては、地下水保全や雨水・再生水の利用の推進が重要となる。

地下水保全対策で大きな役割を担っているのが、国土面積に占める割合の大きい森林生態系（日本の森林率約7割）の水源涵養機能（水資源貯留・水質浄化）であり、この機能を活用した技術は適応策として極めて有効である。また、雨水・再生水の利用推進についても、生態系（土壌）の水資源貯留や水質浄化の機能を応用した技術は気候変動の適応策としての効果が期待できる。

【森林生態系の水源涵養機能（水資源貯留・水質浄化）とは】

　P.87の【森林生態系の水源涵養機能とは】に示すように、森林生態系の土壌は降雨を一時貯留し、徐々に移動流出させることで水の流出を平準化する機能を有する。この機能によって、洪水・渇水の緩和、河川流量の安定化、地下水の涵養（地下浸透して帯水層に貯留）の効果がある。また、雨水が森林内の土壌を通過することにより、水質は浄化され、自然のミネラル分を含むおいしい水が作り出される。

（1）地下水保全対策（森林生態系の保全対策）
―森林生態系の水源涵養機能を活用した適応技術―

　地下水保全対策は、森林、農地、原野、裸地など涵養源の保全・管理を実施して、本来の涵養量を確保することが重要になる。

　ここに挙げる適応技術は、森林生態系の水源涵養機能を高い状態に維持することで地下水環境を保全し、水資源分野における気候変動の悪影響である渇水リスクの増加や水質の悪化に対処する手法である。

　森林生態系の水源涵養機能を高い状態で維持するためには、森林生態系の保全対策・技術が重要になる。森林生態系の保全対策は、1）広域的調査・評価、2）森林の現況調査・判断（状況把握）、3）実施計画立案（目標設定）、4）整備・保全の実施、5）モニタリングの実施・評価、改善の実施、以上のフローに沿って実施する（図3.17「土砂流出防止機能の高い森林づくりフロー」P.135参照）。

　森林生態系の保全対策・技術の具体的な内容は、3章「7自然災害・沿岸地域分野」の「気候変動のストレスに強い国土（土壌環境）の形成―森林生態系の保全対策・技術―」（P.133）に記述する。

（2）雨水・再生水の利用の推進（水循環システムの構築）
―生態系（土壌）の水源涵養機能を応用した適応技術―

　地下水などの水源の人工涵養方法として、従来、水田涵養、涵養池、及び雨水浸透施設（表3.5-2）が用いられている。これらは雨水の流出を抑制して地下水の涵養を促進することを目的とした施設である（環境ミニセミナー「水問題解決のためには…、浸透・貯留・涵養機能の維持、向上」P.117参照）。

　ここに挙げる技術は、雨水や河川水・湖沼水などを原水として、生態系（土壌）の水源涵養機能（水資源貯留・水質浄化）を用いて水質浄化して上水や中水として利用し、使用後の排水を再び同様に処理をする水循環システムである。これにより、水利用の効率化を図り、雨水・河川水・湖沼水・再生水の利用の推進、及び地下水の涵養促進の効果が期待できる。

　生態系の水質浄化機能を用いた水処理技術に「緩速ろ過処理」があり、この技術を応用した「水循環システム（例）」の概要を以下に示す。

［水循環システム（例）］

　雨水や河川水・湖沼水などを原水として緩速ろ過で処理をし、処理水は上水や中水として利用し、使用後の排水を再び同様に処理して再生水として利用する水循環のシステムである（図3.10「緩速ろ過処理を用いた水循環システム（例）」）。需要量を上回る余剰の原水は地下浸透し、地下水の涵養に充てる。

　緩速ろ過処理は、ゆっくりしたろ過速度でろ過することによって、原水が細かい砂層で機械的に篩いわけされるほかに水中の懸濁物質が砂層表面に抑留され、この抑留物に水中の腐植質や栄養塩類が付着し、その上に微小動物が繁殖し、さらにこれを分解するバクテリアが繁殖して生物ろ過膜が形成されることにより水中の浮遊物質を捕捉し、溶解性物質を酸化分解することを利用したプロセスである。生物の機能を阻害しなければ、水中の懸濁物質や細菌を除去できるだけでなく、ある限度内ならアンモニア性窒素、臭気、鉄、マンガン、合成洗剤、フェノール等も除くことができる。

表3.5-2　代表的な雨水浸透施設の構造　参考文献3）

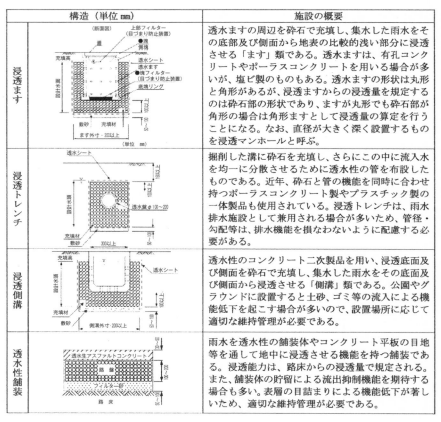

構造（単位 mm）	施設の概要
浸透ます	透水ますの周辺を砕石で充填し、集水した雨水をその底部及び側面から地表の比較的浅い部分に浸透させる「ます」類である。透水ますは、有孔コンクリートやポーラスコンクリートを用いる場合が多いが、塩ビ製のものもある。透水ますの形状は丸形と角形があるが、浸透ますからの浸透量を規定するのは砕石部の形状であり、ますが丸形でも砕石部が角形の場合は角形ますとして浸透量の算定を行うことになる。なお、直径が大きく深く設置するものを浸透マンホールと呼ぶ。
浸透トレンチ	掘削した溝に砕石を充填し、さらにこの中に流入水を均一に分散させるために透水性の管を布設したものである。近年、砕石と管の機能を同時に合わせ持つポーラスコンクリート製やプラスチック製の一体製品も使用されている。浸透トレンチは、雨水排水施設として兼用される場合が多いため、管径・勾配等は、排水機能を損なわないように配慮する必要がある。
浸透側溝	透水性のコンクリート二次製品を用い、浸透底面及び側面を砕石で充填し、集水した雨水をその底面及び側面から浸透させる「側溝」類である。公園やグラウンドに設置すると土砂、ゴミ等の流入による機能低下を起こす場合が多いので、設置場所に応じて適切な維持管理が必要である。
透水性舗装	雨水を透水性の舗装体やコンクリート平板の目地等を通して地中に浸透させる機能を持つ舗装である。浸透能力は、路床からの浸透量で規定される。また、舗装体の貯留による流出抑制機能を期待する場合も多い。表層の目詰まりによる機能低下が著しいため、適切な維持管理が必要である。

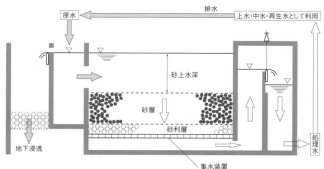

図3.10　緩速ろ過処理を用いた水循環システム（例）　参考文献5）6）

環境ミニセミナー　水問題解決のためには…、 浸透・貯留・涵養機能の維持、向上

　生物は水なしでは生きていけません。水は、人の暮らしと命の源であり、飲料や洗濯、入浴など人間の日々の生活に不可欠なものであるだけでなく、食糧生産、工業生産、水力発電などの経済活動、さらには自然環境の保全にも欠かせないものです。しかし、近年、都市部への人口の集中、社会・経済活動の変化、地球温暖化や気候変動等の要因が水循環に変化を生じさせ、それにともない、渇水、洪水、水質汚濁、生態系への影響等さまざまな問題が深刻化しています。

　地球上の水は自然の中で、蒸気、液体、固体に変化しながら循環を繰り返しています。河川・湖沼・海域などの水が蒸発して雲となり、冷やされて雨となって森や林に降りそそぎ、降った雨は植物へ潤いを与え地中に染み込み、土中に浸透・浄化・貯留・涵養されたのち、湧き出して川になり、川は途中で合流を繰り返しながら流下し、また河川・湖沼・海域に戻っていきます（図S.9）。この過程で、安全でおいしい水が豊富に作り出されます。近代に入り、この自然の水循環の中に変化が生じています。乱開発や酸性雨による森林破壊、森林や里山の荒廃、大量集水による水資源枯渇、生活・産業排水の汚濁負荷、市街地のコンクリート化

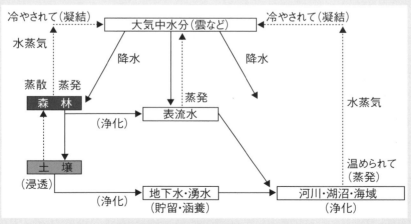

図 S.9　自然の水循環　参考文献8）

やアスファルト舗装など、人間の活動が原因で浸透・浄化・貯留・涵養の機能が失われています。

　前述の水問題を解決するためには、気候変動対策（緩和と適応）とともに、雨水浸透機能や水源涵養機能を有する、①森林・農地、②河川・湖沼、沿岸海域、③都市施設、などの整備・保全の対策を講じて、健全な水環境を形成することが重要になります（図S.10）。これらの対策は地域全体の保水効果を高め、スポンジシティーの構築にもつながり、ヒートアイランド対策や水害対策にも有効です。

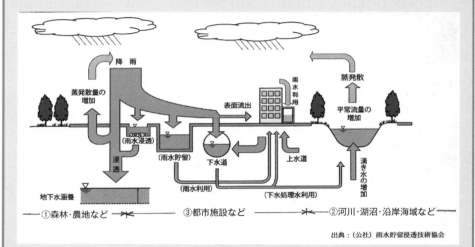

出典：(公社) 雨水貯留浸透技術協会

図S.10　雨水の浸透・貯留・涵養機能の維持、向上　参考文献7)

[基本的な対策]

① 森林・農地など

▶ 原生的な自然の保全

▶ 森林・農地・水辺などの維持・形成、生物生息空間や緑地などの整備・保全

▶ 山地・里地・平地などの自然地域の植生復元や生物生息環境の修復・保全

② 河川・湖沼、沿岸海域など

▶　河道の浚渫、河川平均流量の増加、河川の浄化等の対策

　　　▶　底泥の浚渫、湧き水（伏流水）の増加、湖沼の浄化等の対策

　　　▶　植生・なぎさ型湖岸・海浜（沿岸）の整備、生物生息環境の修復・保全

③　都市施設など

　　　▶　雨水浸透施設（浸透ます、浸透側溝、浸透トレンチ等）の整備

　　　▶　雨水貯留施設（雨水調整池、雨水タンク等）の整備

　　　▶　緑化の推進、透水性舗装など

　　　▶　雨水や下水処理水の利用

6　自然生態系分野

　自然生態系に関しては、近年、気温上昇や降雨・降雪パターンの変化等の気候変動により、高山植物の個体群の減少、ニホンジカ等野生鳥獣の生息域分布の変化（拡大）、鳥インフルエンザや豚コレラ等の動物感染症[注]の多発、植物の開花時期の早まり等の生物季節の変動、また、海洋にあっては温暖化や酸性化によるサンゴの白化や海洋生物の生息分布の移動など、さまざまな現象が各地で頻発している。今後、長期にわたり増加・拡大が懸念される。さらに、気候変動に追随した分布の移動ができないなど、気候変動に適応できない生物は、種の絶滅を招く可能性が高い。このため、このような現在生じている、また将来予測される自然生態系分野への気候変動の悪影響を回避・軽減する取り組みが重要になっている。

注）人への感染については、⑧健康分野（P.141）を参照。

1. 気候変動の影響と適応策技術

　自然生態系に及ぼす気候変動の影響は、自然生態系を構成する陸域生態系、水域生態系、海洋生態系など生態系ごとに、また、生物季節や、生物個体群の変動など分野・項目によってさまざまであり、それぞれの影響の将来予測等を踏まえた計画的な適応策を講じることが必要になる。「陸域生態系」「淡水生態系」「沿岸生態系」「海洋生態系」「生物季節」「分布・個体群の変動」の各分野別に、自然生態系に及ぼす気候変動の影響と適応策技術の概要を表3.6（P.121~123）に示す。

表3.6　自然生態系に及ぼす気候変動の影響と適応策技術　参考文献1）2）

分　野	気候変動の影響	適応策技術
陸域生態系	・高山帯・亜高山帯：気温上昇や融雪時期の早期化等による植生の衰退や分布の変化、高山植物の個体群の消滅（予測）。 ・自然林・二次林：落葉広葉樹の常緑広葉樹への置き換わり（推測）。冷温帯林と暖温帯林の分布適域の減少・拡大（予測）。温暖化による病害虫の活発化（マツノマダラカミキリムシなど）。 ・人工林：一部の地域で、水ストレスの増大によるスギ林の衰退。 ・野生鳥獣：気温の上昇や積雪期間の短縮によって、ニホンジカ等野生鳥獣の生息域分布の拡大（予測）。 ・鳥インフルエンザ、豚コレラ等の動物感染症のリスク増大（予測）。	・影響が生じる可能性の高い高山帯などにおいてモニタリングを行い、気候変動の影響の把握。 ・気候変動に対する順応性の高い健全な生態系の保全・再生。個体数が増加し生態系に深刻な影響を及ぼしているニホンジカ等野生動物の個体群管理、野生鳥獣被害防止対策、外来種の防除と水際対策、希少種の保護増殖など、生物多様性保全等のために従来行ってきた施策に、予測される気候変動の影響を考慮し、より一層の推進。 ・山岳、森林、河川など周辺環境と一体となった生態系ネットワークの形成の推進。
淡水生態系	・富栄養化が進行している湖沼では、水温の上昇による湖沼の鉛直循環の停止、貧酸素化と、これに伴う貝類等の底生生物への影響や富栄養化。また、湖沼水温の上昇やCO_2濃度上昇による動物プランクトンの成長量の低下。 ・水温の上昇により、冷水魚が生息可能な河川の減少。 ・湿原において、降水量の減少や湿度低下、積雪深の減少による乾燥化。また、降水量や地下水位の低下による高層湿原における植物群落（ミズゴケ類など）への影響、流域負荷（土砂や栄養塩類）に伴う低層湿原における湿地性草本群落から木本群落への遷移等（予測）。	・生態系や種の分布等の変化の状況を把握するため、陸水域を特定してモニタリングを拡充するとともに調査研究を推進し、気候変動の影響を把握。 ・気候変動に対する順応性の高い健全な生態系を保全・再生。また、生態系に深刻な影響を及ぼすおそれのある野生動物の個体群管理、外来種の防除と水際対策、希少種の保護増殖など、生物多様性の保全のために従来行ってきた施策に、予測される気候変動の影響を考慮し、より一層の推進。必要に応じて湿地などの生態系の再生。 ・河川、湖沼、湿原、湧水、ため池、水路、水田などの連続性を確保し、生物が往来できる水系を基軸とした生態系ネットワークの形成の推進。 ・気候変動による水温上昇に伴い被害の拡大が懸念される内水面魚種の疾病について、病原体特性及び発症要因の研究とそれを利用した防除対策技術の開発。

分　野	気候変動の影響	適応策技術
沿岸生態系	・亜熱帯地域では、海水温の上昇等によりサンゴの白化、また、サンゴの分布の北上。海水温の上昇に伴い、低温性の種から高温性の種への遷移の進行。 ・亜熱帯については、A2シナリオ[注]では、造礁サンゴの生育に適する海域が水温上昇と海洋酸性化により2030年までに半減し、2040年までには消失（予測）。 ・温帯・亜寒帯については、海水温の上昇に伴い、高温性の種への移行が想定され、それに伴い生態系全体に影響が及ぶ可能性。	・特に影響が生じる可能性の高い干潟・塩性湿地・藻場・サンゴ礁において、モニタリングを重点的に実施し気候変動影響の評価。 ・気候変動に対する順応性の高い健全な生態系を保全・再生。保護地域の見直しと適切な管理、外来種の防除と水際対策、希少種の保護増殖など、生物多様性の保全のために従来行ってきた施策に、予測される気候変動の影響を考慮し、より一層の推進。必要に応じて干潟などの生態系の再生。海岸、干潟・塩性湿地・藻場・サンゴ礁などの保全・再生を行い生態系ネットワークの形成。 ・赤潮プランクトンの発生について、気候変動との関連性に関する調査研究。
海洋生態系	・日本周辺海域ではとくに親潮域と混合水域において、植物プランクトンの現存量と一次生産力の減少が始まっている可能性。 ・気候変動に伴い、植物プランクトンの現存量に変動が生じる可能性。	・重要な海域を特定した重点的なモニタリングや赤潮プランクトン発生と気候変動との関連性に関する調査研究。
生物季節	・植物の開花の早まりや動物の初鳴きの早まりなど、動植物の生物季節の変動。 ・A2シナリオ[注]を前提とした開花モデルによれば、生物季節の変動について、ソメイヨシノの開花日の早期化など、さまざまな種への影響（予測）。また、個々の種が受ける影響にとどまらず、種間のさまざまな相互作用への影響（予想）。	・開花等の生物季節の変化を把握するためのモニタリングの実施。 ・人材の確保・育成にも努めながら、研究機関やNPO等の協力を得て行う参加型のモニタリングの実施。

分　野	気候変動の影響	適応策技術
分布・個体群の変動	・分布の北限が高緯度に広がるなど、分布域の変化、ライフサイクル等の変化。 ・海水温の上昇等によりサンゴの白化、また、サンゴの分布の北上。 ・海水温の上昇による種間相互作用の変化、さらに悪影響を引き起こす、生育地の分断化により気候変動に追随した分布の移動ができないなどにより、種の絶滅を招く可能性。 ・また、気候変動による外来種の侵入・定着に関する変化（予測）。	・種の分布や個体群の変化をより的確に把握するためモニタリングを拡充。特に影響が生じる可能性の高い高山帯や沿岸域に生息する種、個体数が増加し生態系に深刻な影響を及ぼしている野生動物、外来種などについて重点的にモニタリングを実施。 ・健全な生態系を保全・再生するため、深刻な影響を及ぼすおそれのある野生動物の個体群管理、外来種の防除と水際対策、希少種の保護増殖など、生物多様性の保全のために従来行ってきた施策に、予測される気候変動の影響を考慮し、より一層の推進。 ・生物が移動・分散する経路を確保するため生態系ネットワークの形成の推進。 ・希少野生動植物種の保護増殖事業等に関して、気候変動の影響も考慮した計画・目標や対策の見直し。

注）A2シナリオ：1980〜1999年平均を基準とした長期（2090〜2099年）の変化量が2.0〜5.4℃
　　（最良推定値3.4℃）

2. 生態系の機能（恵み）を活用した適応技術

　本来の健全な地球生態系は多くの機能（恵み）を有し、気候変動のストレスにも適応することができる。ゆえに、健全な地球生態系の確保が最も重要な適応策になる（1章「⑪それでは、どうしたらよいのか？—"気候変動"問題解決のための『地球生態系の保全対策』—」P.37参照）。そして、それを基調にした上で、表3.6「自然生態系に及ぼす気候変動の影響と適応策技術」に示すそれぞれの分野において、既に起こりつつある、または予想される気候変動の悪影響に対して、生産機能、生物資源保全機能、国土保全機能、環境保全・再生機能などの生態系の機能（恵み）を補足・補完的に有効活用するとともに、生態系ネットワークの構築を図ることが重要になる。

（1）生態系の機能を活用した適応技術（例）

　例えば、表3.6に示す分野別影響や適応策に対しては、次のような「生態系の機能を活用した適応技術（例）」が考えられる。

1）[陸域生態系]　植生の衰退や分布の変化、水ストレスの増大など

　　　森林生態系の生物多様性保全機能や水源涵養機能等の活用（⑦自然災害・沿岸地域分野「気候変動のストレスに強い国土（土壌環境）の形成—森林生態系の保全対策・技術」P.133準用）

2）[淡水生態系]　水温上昇や水質変化による貧酸素化、種の分布の変化など

　　　水域生態系の水質浄化機能や生物多様性保全機能等の活用（④水環境分野「気候変動のストレスに強い水環境の形成—水域生態系の保全対策・技術」P.108参照）

3）[沿岸生態系]　干潟・塩性湿地・藻場・サンゴ礁などにおいて水温上昇や水質変化等による種の衰退・変化など

　　　水域生態系の水質浄化機能や生物多様性保全機能等の活用（④水環境分野「気候変動のストレスに強い水環境の形成—水域生態系の保全対策・技術」P.108参照）

4）[海洋生態系]　水温上昇や水質変化等による植物プランクトンの現存量と一次生産力の変化

　　　水域生態系の水質浄化機能や生物多様性保全機能等の活用（④水環境分野「気候変動のストレスに強い水環境の形成—水域生態系の保全対策・技術」P.108準用）

5）[生物季節]　植物の開花の早期化など、動植物の生物季節の変動

　　　自然生態系の生物多様性保全機能等の活用（生態系の物質循環や生物間の食物連鎖などの機能を活用し、種間のさまざまな相互作用への影響を予測し、健全な生態系ネットワークを構築）

6）[分布・個体群の変動]　分布の北限が高緯度に広がるなど、分布域の変化

　　　自然生態系の生物多様性保全機能等の活用（生態系の物質循環や生物間の食物連鎖などの機能を活用し、種間のさまざまな相互作用への影響を予測し、健全な生態系ネットワークを構築）

（2）生態系ネットワーク^{注)} の構築（生態系のバランスと多面的機能に配慮）

　自然生態系は、大気、水、土壌における物質循環や生物間の食物連鎖などを通じて、絶えずその構成要素を変化させながら全体としてバランスを保っており、気候変動の適応策を検討するにあたっては、陸域生態系や水域生態系など自然生態系を構成する個々の生態系との関連性（生態系ネットワーク）に留意し、生態系全体としてのバランス（物質循環・食物連鎖・生態系ピラミッド）を確保することが重要となる。また、生態系ネットワークは、生産機能、生物資源保全機能、国土保全機能、環境保全機能など多面的な機能（恵み）を有するため、ほかの機能（恵み）にも配慮しながら、総合的に評価・判断・実施することが必要である。

　環境省の「全国エコロジカル・ネットワーク構想検討委員会」では、生態系ネットワーク（エコロジカル・ネットワーク）の基本的考え方（案）として、エコロジカル・ネットワークを効果的・効率的に実現するためには、生態系の保全・再生・創出を直接的に行うだけでなく、人と自然との関係を踏まえた上で食料生産や水害対策、バイオマス利用などが生態系の保全・再生・創出に及ぼす副次的な

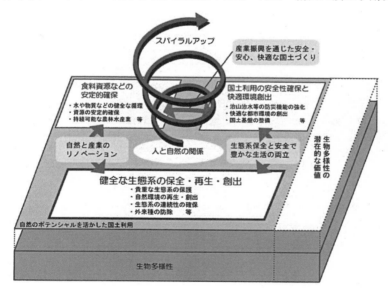

図3.11　人と自然の良好な関係の再構築　参考文献3）

効果も充分に活用していく取り組みが重要であり、これにより、農林水産業の競争力の強化や防災機能の増進に資するなどの好循環（スパイラルアップ）、つまり、人と自然の良好な関係の再構築につながることを示唆している（図3.11）。

注）生態系ネットワーク（エコロジカル・ネットワーク）とは、生態系の拠点の適切な配置やつながりのこと。生物多様性基本法第14条第３項には、生態系ネットワークの保全に関して、「国は、生物の多様性の保全上重要と認められる地域について、地域間の生物の移動その他の有機的なつながりを確保しつつ、それらの地域を一体的に保全するための措置を講ずるものとする」と定めている。また、生物多様性国家戦略（2012–2020）には、生態系ネットワークの効果に関して、「野生生物の生息・生育空間の確保をはじめ、良好な景観や人と自然とのふれあいの場の提供、気候変動による環境変化への適応、都市環境、水環境の改善、国土の保全などの多面的な機能の発揮が期待される」とある。

7

自然災害・沿岸地域分野

近年、短時間強雨や局地的大雨など降雨パターンの激変、台風や竜巻の大型化等の異常気象により、大規模な水害や土砂災害、高潮・高波などが頻発し、甚大な被害が発生している。さらに今後、長期にわたり拡大することが懸念される。このような現在生じている、また将来予測される自然災害・沿岸地域分野への気候変動の悪影響を回避・軽減する取り組みが重要になっている。

1. 気候変動の影響と適応策技術

自然災害・沿岸地域分野における気候変動の影響は、「水害」「高潮・高波等」「土砂災害」「その他（強風等）」など分野・項目によってさまざまである。それぞれの気候変動の影響と適応策技術の概要を表3.7に示す。

表3.7　自然災害・沿岸地域に及ぼす気候変動の影響と適応策技術　参考文献1）2）

分　　野	気候変動の影響	適応策技術
水害	・時間雨量50mmを超える短時間強雨や総雨量が数百mmから千mmを超えるような大雨に伴う水害（洪水、内水、高潮）の増加。今後さらに増大することが予測され、施設の能力を上回る外力（災害の原因となる豪雨、高潮等の自然現象）による水害が頻発するとともに、施設の能力を大幅に上回る外力により極めて大規模な水害の発生が懸念（頻発化・激甚化）。	（基本的な考え方） ・森林、農地、原野、裸地などの保全・管理（水源涵養・土地保全）^{注）}。比較的発生頻度の高い外力に対しては、堤防や洪水調節施設、下水道等の整備、およびそれらの適切な維持管理・更新。その際、気候変動による将来の外力の増大の可能性も考慮し、順応的な整備・維持管理等の推進。施設の能力を上回る外力に対しては、施設の運用、構造、整備手順等の工夫により減災を図るとともに、災害リスクを考慮したまちづくり・地域づくりの促進や、避難、応急活動、事業継続等のための備えの充実。 ・まちづくりや避難等に係る対策を促進するにあたっては、様々な外力に対する浸水想定等に基づき、どのような被害が発生するかを認識し、それに対応する対策。特に、施設の能力を大幅に上回る外力に対しては、最悪の事態を想定し、ソフト対策に重点を置いて対応することにより、一人でも多くの命を守り、社会経済の壊滅的な被害の回避。
高潮・高波等	・気候変動により海面が上昇し、高潮のリスクは高まる。高波については、台風の強度の増加等によりリスク増大（予測）。高波や高潮偏差の増大による港湾及び漁港防波堤等への被害（予測）。 ・沿岸部の港湾については、強い台風の増加等による高潮偏差の増大、波浪の強大化、及び中長期的な海面水位の上昇。高潮等による浸水被害の拡大や海面水位の上昇に伴う荷役効率の低下等による臨海部産業や物流機能の低下（予測）。 ・沿岸部の海岸については、強い台風の増加等により高潮等が浸水し、背後地の被害や海岸侵食が増加。高潮偏差の増大、波浪の強大化、及び中長期的な海面水位の上昇（予測）。	（基本的な考え方） ・港湾については、堤外地・堤内地における防波堤・堤防などによる高潮等のリスク増大の抑制、及び港湾活動の維持。また、各種制度・計画に気候変動への適応策を組み込み、様々な政策や取組との連携による適応策の効果的な実施（適応策の主流化）の促進。 ・海岸については、海象のモニタリングと背後地の社会経済活動及び土地利用の中長期的な動向を勘案して、ハード・ソフトの施策を最適な組み合わせで、高潮等の災害リスク増大の抑制及び海岸における国土の保全。

分　野	気候変動の影響	適応策技術
土砂災害	・近年、大規模な土砂災害が頻発し、甚大な被害が発生。 ・短時間強雨や大雨の増加に伴い土砂災害の発生頻度が増加、台風等による記録的な大雨に伴う深層崩壊等の増加（予測）。	（基本的な考え方） ・人命を守る効果の高い箇所における施設整備を重点的に推進。避難場所・経路や公共施設、社会経済活動を守る施設の整備。 ・砂防堰堤の適切な除石を行うなど既存施設も有効活用。施設の計画・設計方法や使用材料について、より合理的なものを検討。 ・ハード対策とソフト対策の一体的な推進。住民に対して早期に土砂災害の危険性の周知。ハザードマップやタイムライン（時系列の行動計画）等を通じて警戒避難体制の強化。土砂災害に関する知識を持った人材の育成。
その他（強風等）	・気候変動による強風や強い台風の増加（予測）。 ・竜巻の発生好適条件の出現頻度が高まる（予測）。	・災害に強い低コスト耐候性ハウスの導入等の推進。 ・竜巻等の激しい突風が起きやすい気象状況であることを知らせる情報の活用や、自らの身の安全を確保する行動の促進。 ・気候変動が強風等に与える影響や適応策に関する調査研究の推進。

注）環境ミニセミナー「水問題解決のためには…、浸透・貯留・涵養機能の維持、向上」P.117
参照

　この中で特に「水害」と「土砂災害」は、近年頻発して甚大な被害与え、早急に実効性の高い対策を講じることが極めて重要になっている。

　我が国では、高度成長期以降の急激な都市化（農地・山林・原野などの土地利用の変化）により、河川流域の保水能力や遊水能力は著しく低下し、大雨が降ると、河川への流出量が短時間に増大、中・下流域の都市部では水害・土砂災害が起こりやすくなってきている。都市部は人口や資産が集中し、洪水被害の深刻度は大きい。都市部での治水を進めるには、河川改修とともに、流域対策や被害軽減対策など、総合的な取り組みが必要であり、国土交通省では「総合的な治水対策」の体系を示している（図3.12「総合的な治水対策のイメージ」、及び図3.13「総合的な治水対策の体系」）。

　総合的な治水対策では、河川を管理する国または都道府県などと流域の市町村や地域市民による連携・協働した取り組みが重要になる。また、例えば、各地

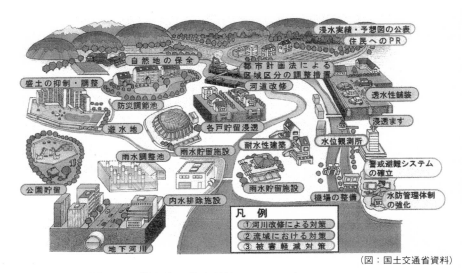

（図：国土交通省資料）

図3.12　総合的な治水対策のイメージ　参考文献8）9）

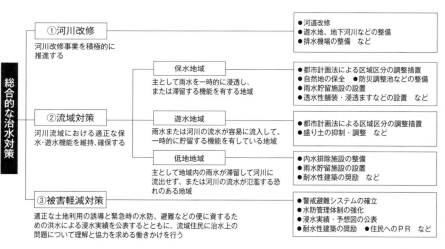

（図：国土交通省資料）

図3.13　総合的な治水対策の体系　参考文献8）9）

域における関係者の理解と協力のもと、集落レベルの防災調整池やさまざまな貯留・浸透施設[注1]を多く設けることは、それぞれの施設の規模は小さくても流域全体の保水・遊水効果を高めることになり、河川改修[注2]とともに、このような流域対策などの総合的な取り組みが必要になる。

注1） 環境ミニセミナー「水問題解決のためには…、浸透・貯留・涵養機能の維持、向上」（P.117）は、地域全体の保水効果を高め、スポンジシティーの構築にもつながり、洪水などの水害対策のほかヒートアイランド対策にも有効である。

注2） 河川の改修に当たって行われる対策の基本的な方法を図3.14に示す（国土交通省ホームページより）。

2. 生態系の機能（恵み）を活用した適応技術

　森林生態系は、国土保全、水源涵養、生物多様性の保全、地球温暖化の緩和、林産物の供給など多面にわたる機能を有し、人類に多大な恩恵を持続的に与えてくれる（図3.15「森林の多面的機能」）。

　自然災害分野における気候変動の悪影響としては、強雨や大雨にともなう水害や土砂災害等の増加・増大などが挙げられ、これらの悪影響に対する適応策として、森林生態系の国土保全機能（土砂災害及び水害の防止など）及び水源涵養機能の活用が有効である。特に我が国にあっては国土面積の約2/3を森林が占め、これらの森林の生態系の機能を現場のニーズに対応して活用することは、気候変動の適応策として極めて有効である。

　近年、短時間強雨や局地的大雨など降雨パターンの激変、台風や竜巻の大型化等の異常気象により、大規模な水害や土砂災害などが頻発し甚大な被害が発生しているため、水害や土砂浸食・崩落を防止（緩和）する、森林生態系の有する国土保全機能[注1]や水源涵養機能[注2]に対する期待は大きい（図3.16「森林に期待する働き」）。

注1） P.87【森林生態系の国土保全機能とは】参照。
注2） P.87【森林生態系の水源涵養機能とは】参照。

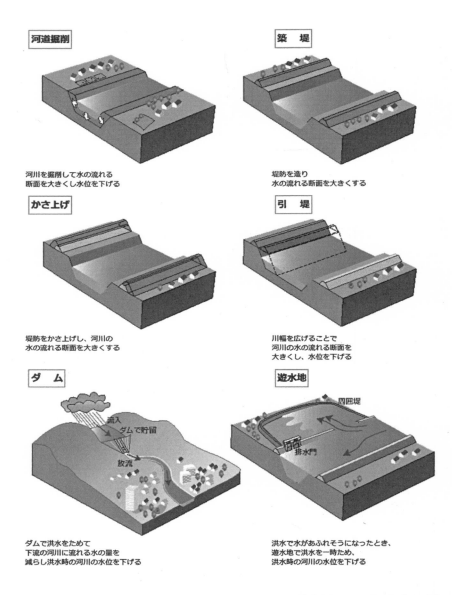

図3.14　河川改修の基本的な方法　参考文献8)

（社）日本河川協会「河川事業概要2004」（2004年12月）から作成

図3.15　森林の多面的機能　参考文献3）

気候変動のストレスに強い国土（土壌環境）の形成

―森林生態系の保全対策・技術―

　強雨や大雨など異常気象のストレスに強い国土（土壌環境）を形成するために
は、森林生態系の水源涵養機能及び国土保全機能を高い状態で維持する、森林生
態系の保全対策・技術が重要になる。

森林生態系の保全対策・技術

　林野庁「土砂流出防止機能の高い森林づくり指針（平成27年３月）」（林野庁森

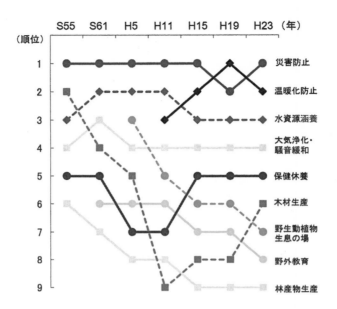

資料：総理府「森林・林業に関する世論調査」（昭和55年）、「みどりと木に関する世論調査」（昭和61年）、「森林とみどりに関する世論調査」（平成5年）、「森林と生活に関する世論調査」（平成11年）、内閣府「森林と生活に関する世論調査」（平成15年、平成19年、平成23年）
注1：回答は、選択肢の中から3つまでを選ぶ複数回答。
注2：選択肢は、特にない、わからない、その他を除いて記載。

図3.16　森林に期待する働き　参考文献3）

林整備部）では、土砂流出防止機能の高い森林整備を実施するためのフローを示している（図3.17）。これを参考にすると、森林生態系の保全対策は、1）広域的調査・評価、2）森林の現況調査・判断（状況把握）、3）実施計画立案（目標設定）、4）整備・保全の実施、5）モニタリングの実施・評価、改善の実施、以上のフローに沿って実施することになる。

【留意点】

　森林生態系は図3.15「森林の多面的機能」に示すように、国土保全や水源涵養のほか、地球温暖化の緩和、生物多様性の保全、木材等の林産物の供給等の多面的機能を有している。このため、森林生態系の保全対策・技術を実施するにあ

1）広域調査

広域の流域単位の広がりから災害が発生しやすい流域を抽出する

注意すべき立地環境の評価 ・地形 ・土質・地質・土壌 ・気象（気温、降水量、積雪量等）	植物生育環境の評価 ・植生図 ・希少種等	社会環境の評価 ・保全対象 ・法指定区域 ・災害履歴

土砂流出防止機能の高い森林の必要性について広域的評価

2）森林の現況調査

対象地域およびその周辺の状況を把握し、森林づくりのための基礎的資料を得る

現地立地環境の把握 ・地形 ・土質・地質 ・土壌 ・地下水	林況の把握 ・森林調査 ・鳥獣害 ・病虫害 ・気象害	保全対象の把握

土砂流出防止機能の高い森林の必要性について判断

土砂流出防止機能の高い森林づくりの実施

3）整備計画の立案

整備目標の設定 ・森林の機能区分の設定 ・林種区分の設定	整備目標の決定 ・森林整備指標値と現況と 　の比較

4）森林整備の実施

5）モニタリングの実施、評価、改善の実施

図3.17　土砂流出防止機能の高い森林づくりフロー　参考文献6）

たっては、「国土保全機能の維持・向上（土砂災害防止）」などの目的・方針を明確にしたうえで、ほかの機能にも配慮しながら、総合的に評価・判断・実施することが必要となる。

【目的・目標の設定】

　国土保全機能（土砂災害防止機能）の高い森林とは、一般的には、以下のよう

な森林である（図3.18）。

- ▶ 林相：多様な樹種からなる針広混交林や広葉樹林など。
- ▶ 樹幹：木の幹が太く、倒れにくい。
- ▶ 樹冠：適度にうっ閉しており、林内は明るく、落葉・落枝の供給が豊富。
- ▶ 下層：さまざまな草本類・木本類の植生に覆われている。
- ▶ 根系：鉛直根と水平根が成長し、深く、広い範囲によく発達している。

更に、土砂災害に強い森林は、目的別には以下に示すような特徴がある。このため、森林生態系の保全対策の目的に沿って、どのような森林生態系にするか、具体的な目標を設定することが必要になる。

［土砂崩壊防止型の森林］

土砂崩壊を発生させないことを目的とする森林。

- ▶ 根系が発達し、土壌緊縛力が大きい。

  根系ネットワークが発達することにより斜面の補強強度が増し、崩壊が発生しにくい。
- ▶ 樹冠が適度にうっ閉している。

  樹冠が適度にうっ閉した森林は林内の光環境が良好で、下層植生が発達成

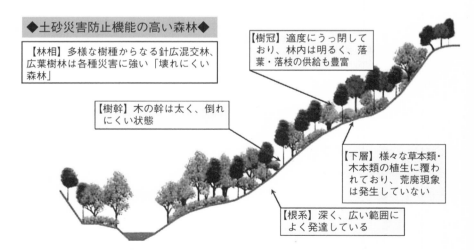

図3.18　土砂災害防止機能の高い森林　参考文献7）

136

長することで表面侵食されにくく、土砂の流出を防止する。

▶　地表への落葉・落枝等の供給が豊富。

　地表への落葉・落枝の供給により森林土壌が発達し、地表流、表面侵食、雨滴の衝撃による土流出を防止できる。

▶　適合樹種（例）

　ミズナラ、コナラ、クヌギなどナラ類のほか、ケヤマハンノキ、アカシデ、ケヤキなどの広葉樹類、アカマツ（ただし広葉樹混交が望ましい）　など。

［崩壊土砂抑止型の森林］

上部からの崩壊土砂や落石を受け止め、下方への流下エネルギーを軽減し、土砂災害を拡大させないことを目的とする森林。

▶　根系が発達し、樹幹支持力が大きい。

　根系の発達により樹木が倒伏しにくくなり、災害緩衝機能が高い。

▶　樹木の直径が大きい。

　樹木の肥大成長が促進され、直径が大きくなることで、崩壊土砂や落石等の衝撃力に対する樹木の抵抗力を高める。

▶　地表への落葉、落枝等の供給が豊富。

　地表への落葉・落枝の供給により森林土壌が発達し、地表流、表面侵食、雨滴の衝撃による土砂流出を防止できることに加え、落葉・落枝による林床被覆により、落石等の運動エネルギーを吸収することができる。

▶　適合樹種（例）

　ミズナラ、コナラ、クヌギなどナラ類のほか、ブナ、クリ、ケヤキ、ホオノキ、シナノキなどの広葉樹類、スギ（ただし広葉樹混交が望ましい）　など。

［渓畔林型の森林］

渓流沿いに繁茂し、洪水時に流木発生源にならない、また、上部からの土石流を受け止め、下方への流下エネルギーを軽減し、土砂災害を拡大させないことを目的とする森林。

▶　根系が発達し、樹幹支持力が大きい。

　根系の発達により樹木が倒伏しにくい。

▶ 樹木の直径が大きい。

　樹木の肥大成長が促進され、直径が大きくなることで、土石流等の衝撃力に対する樹木の抵抗力を高める。

▶ 湿性環境や流水の影響に強い樹種からなる森林。

　渓流沿いに位置することから、湿性環境でも根系を十分に発達できる樹種を導入することで、倒木が発生しにくく、渓岸侵食を防止できる。

▶ 適合樹種（例）

　クリ、オニグルミ、ケヤキ、シナノキ、サワグルミ、カツラ、トチノキなどの広葉樹類、スギ（ただし広葉樹混交が望ましい）　など。

【実施】

　森林生態系の保全対策・技術には、植栽（造林）、下刈り、除伐、間伐、気象害・鳥獣害・病虫害対策、希少動植物保護、外来種対策などがあるが、ここでは「植栽」と「間伐」の代表例を紹介する。

　なお、一般に森林の国土保全機能（土砂災害防止など）が高度発揮されるのは成熟～老齢段階の森林と考えられているため、この点を考慮して中長期的な視野のもとで施策を実施する必要がある。

［植栽］

　「植栽」は、現況の森林を目標林型の森林に誘導・造成するために、間伐等の施業実施による林内の光環境の改善と併せて、下層に植生を速やかに導入することを主な目的として実施する。例えば、上層の主林木を残存させる場合の植栽は、土壌が発達している箇所で行い、植栽する苗木は一般造林苗木を基本とし、以下の条件を具備しているものを用いる。

▶ 枝張りが大きく、四方に均等に伸びている。

▶ 根元径が太く、側根がよく発達している。

▶ 病虫害にかかっていない、優良な品種・系統の苗木。

また、上層の主林木を残存させない、あるいは、森林が成立していない場合は（崩壊地、山腹工・渓間工施工敷、伐採跡地等）、速やかに植栽を実施することとし、植栽にあたっては、先駆樹種の導入による早期の樹林化を検討するととも

に、簡易治山施設（柵・筋工等）による植栽基礎工を検討し、使用する苗木は、上層の主林木を残存させる場合と同様に、上記の条件を具備したものを基本とする。

［間伐］

1) 間伐の方針

森林の現況に応じて間伐の方針を決定する。例えば、現況森林が適正管理されていない場合は、主林木は高齢・大径木へ誘導して保残しつつ、林内相対照度を適度に確保できる適正密度とするための、早期の強度間伐を行う。また、現況森林が適地適木でない場合は、主林木は疎仕立てとして高齢・大径木へ誘導して、形状比が小さく樹冠長率が高い立木を優先的に保残しつつ、立地環境に適応する適地適木の広葉樹に樹種転換するための、早期の強度間伐を行う。

2) 間伐の基準

下層植生の良好な発生と生育の目安となる光環境は、おおよそ相対照度（RLI：林内の光量／林外の光量×100）で約20％以上とされている。この値を基に間伐の基準（森林の密度指数である収量比数 Ry）を決定する。

3) 間伐方法

間伐には、図3.19に示すように下層間伐、上層間伐、列状間伐等、いくつかの方法があるが、森林の土砂災害防止機能を損なうことのないよう、対象森林の特性を十分考慮して適切な方法を選定する。なお、間伐後の立木配置は、立木間隔（幹距）をできるだけ均等にする。

4) 伐木の利用

間伐で発生する伐木は、搬出や現場内利用等により可能な限り有効利用する。現場内利用をする場合には、土壌侵食・流亡の防止、植生基盤の安定、土壌の保湿性の向上による天然更新の促進等のために、筋工等の簡易治山施設として積極的に利用する。

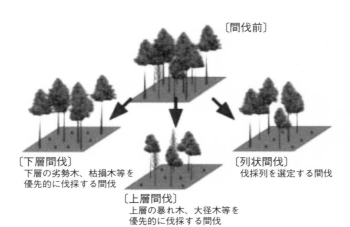

〔間伐前〕

〔下層間伐〕
下層の劣勢木、枯損木等を
優先的に伐採する間伐

〔上層間伐〕
上層の暴れ木、大径木等を
優先的に伐採する間伐

〔列状間伐〕
伐採列を選定する間伐

図3.19　代表的な間伐の方法　参考文献7）

8

⑧ 健康分野

健康への気候変動の影響としては、気温の上昇による熱ストレスや熱中症が挙げられる。熱中症は、夏の強い日射しの下だけでなく、屋内にいても起こり、症状が深刻な場合は命に関わる。他にも、温暖化によって上昇する大気中の光化学オキシダントなど大気汚染による呼吸器系や循環器系の病気の増加、デング熱やマラリアなど感染症[注]の流行がある。また、洪水は、衛生環境を悪化させるため、感染症を引き起こすリスクを高める。世界においては、気候変動の影響（洪水、干ばつ、熱波・自然火災、砂漠化等）などによって水・食糧・生物資源が不足し、水ストレス（飲料、入浴、洗濯等に係わる）や栄養失調が原因でさまざまな健康被害が発生している。これらの悪影響が今後、長期にわたって拡大することが懸念される。このような現在生じている、また将来予測される健康分野への気候変動の悪影響を回避・軽減する取り組みが重要になっている。

注）感染症とは、微生物が体内に侵入し感染することによって起こる病気の総称と定義されている。ウイルスや細菌などの病原体が、野生動物や家畜などの自然宿主から蚊やダニなどの媒介動物を介して、飲料水や食物を介して、あるいは人から人に直接に侵入するために起こる病気である。地球温暖化（特に気温や降雨量の変化）との関連が示唆されている感染症としては、日本脳炎、マラリア、デング熱、ウエストナイル熱、リフトバレー熱、ダニ媒介性脳炎、ハンタウイルス肺症候群（以上、媒介動物によるもの）、及び水系汚染による下痢症（コレラ等）が挙げられている（参考文献4）より）。ただし、現在の地球は過去1,400年で最も高い気温となり、今まで経験したことのない自然環境に変わりつつある。それにともない、病原体の自然宿主や媒介動物（人間を含む）の生態の変化により、今後、2020年の新型コロナウイルスのような新たな感染症の多発が懸念される。

1．気候変動の影響と適応策技術

健康に及ぼす影響は、気候変動がもたらす環境要因によってさまざまである。現在生じている、また将来予測される健康への気候変動の影響としては、「暑熱」「感染症」「その他の健康への影響」に大別される。それぞれの健康に及ぼす気候

変動の影響と適応策技術の概要を表3.8に示す。

表3.8　健康に及ぼす気候変動の影響と適応策技術　参考文献1）2）

分　　野	気候変動の影響	適応策技術
暑熱	・現在の状況としては、死亡リスクについて、気温の上昇による超過死亡[注1]の増加は既に生じていることが世界的に確認。 ・熱中症については、熱中症搬送者数の増加が報告されている。 ・死亡リスクについて、夏季の熱波の頻度が増加し、死亡率や罹患率に関係する熱ストレスの発生が増加する（予測）。	・気候変動による気温上昇と死亡リスクの関係について、科学的知見の集積を図る。 ・気候変動が熱中症に及ぼす影響も踏まえ、救急、教育、医療、労働、農林水産業、日常生活等の各場面において、気象情報の提供や注意喚起、予防・対処法の普及啓発、発生状況等に係る情報提供等を適切に実施。具体的には、熱中症による救急搬送人員数の調査・公表や、予防のための普及啓発など。 ・学校における熱中症対策としては、熱中症事故の防止について、注意喚起。 ・農林水産業における作業では、炎天下や急斜面等の厳しい労働条件の下で行われている場合、機械の高性能化とともにロボット技術やICTの積極的な導入などにより、作業の軽労化。 ・製造業や建設業等の職場における熱中症対策を引き続き推進。
感染症	・デング熱等の感染症を媒介する蚊（ヒトスジシマカなど）の生息域の拡大。 ・気候変動による気温の上昇や降水の時空間分布の変化は、感染症を媒介する節足動物の分布可能域を変化させ、節足動物媒介感染症のリスクを増加させる可能性（予測）。その他の感染症（水系・食品媒介性感染症を含む）について、気温の上昇に伴い、発生リスクの変化が起きる可能性（予測）。 ・病原体の自然宿主や媒介動物の生息域の変化（拡大）などにより、動物由来感染症のリスク増大。	・今後気候変動による気温の上昇等が予測されていることも踏まえ、気温の上昇と感染症の発生リスクの変化の関係や適応策（予防）等について科学的知見の集積を図る。 ・蚊媒介感染症の発生の予防とまん延の防止のために、感染症の媒介蚊が発生する地域における継続的な定点観測、幼虫の発生源の対策及び成虫の駆除、防蚊対策に関する注意喚起等の対策に努めるとともに、感染症の発生動向の把握（注2参照）。

分　野	気候変動の影響	適応策技術
その他の健康への影響	・温暖化と大気汚染の複合影響について、気温上昇による生成反応の促進等により、粒子状物質を含む様々な汚染物質の濃度が変化。 ・熱に対しての脆弱集団としては、米国では小児あるいは胎児（妊婦）への影響が報告されている。 ・局地的豪雨による合流式下水道での越流が起こると閉鎖性水域や河川の下流における水質が汚染され下痢症発症をもたらす。これについては、米国で報告があり、将来予測として増加が想定。 ・都市部での気温上昇によるオキシダント濃度上昇に伴う健康被害の増加が将来予測として想定。	・温暖化と大気汚染の複合影響、及び局地的豪雨により水質が汚染され下痢症発症をもたらすことについては、大気汚染対策や合流式下水道改善対策等の水質改善対策を引き続き推進するとともに、科学的知見の集積を図る。 ・脆弱集団への影響、臨床症状に至らない影響については、気候変動の影響に関する知見が不足していることから、科学的知見の集積を図る。

注1）超過死亡：直接・間接を問わずある疾患により総死亡がどの程度増加したかを示す指標
注2）「蚊媒介感染症に関する特定感染症予防指針」（平成27年4月28日）参照

2．生態系の機能（恵み）を活用した適応技術

　前述のように、健康への気候変動の影響としては、熱ストレス・熱中症、大気汚染による呼吸器系の病気、感染症などの増加が挙げられる。これらに対する適応策技術として、生態系の環境保全機能（大気・水質保全）やアメニティ機能（温・湿度調整、防風・防塵など）などの活用が有効である。

（1）熱ストレス・熱中症の適応策技術

　熱ストレス・熱中症を引き起こす条件は、「環境」（炎天下等）と「からだ」（水分不足等）と「行動」（激しい運動等）によるものが考えられる。「環境」の要因としては、「気温が高い」、「湿度が高い」、「風が弱い」などがある。

　森林生態系など植物を中心とした生態系には、空気調和（温・湿度調整）の働きがあり、熱ストレス・熱中症の「環境」要因である、「気温が高い」、「湿度が高い」などを抑制することができ、適応策技術として有効である[注]。

（2）大気汚染による呼吸器系の病気などの適応策技術

　呼吸器系や循環器系の病気の「環境」の要因は、光化学オキシダントなど大気
汚染物質である。森林生態系など植物を中心とした生態系には、大気中の揮発性
有機化学物質（VOC）や窒素酸化物（NO_x）、硫黄酸化物（SO_x）など汚染物質
を吸収・吸着し、植物体内に取り込み分解する働きがあり、これを活用した技術
は、大気汚染物質が要因となっている呼吸器系や循環器系の病気の予防の効果が
期待できる[注]。

注）植物を中心とした生態系の空気調和（浄化）の働きを活用した適応策技術の詳細は、⑩国民
生活・都市生活分野（P.156）を参照。

（3）感染症の適応策技術

　感染症とは、微生物が体内に侵入して感染することによって起こる病気の総称
と定義されている。感染症を引き起こす病原体には、ウイルスや細菌などさまざ
まな種類があり、食物や飲料水、エアロゾルや空気、または蚊やダニなどの媒介
動物を通して感染する。
　一般的には、次のような条件があると感染症にかかりやすくなる（図3.20「地
球温暖化と感染症」）。
①　人の体に侵入する病原体の数や侵入の機会が多い
②　病原体の自然宿主や媒介する生物（媒介動物）が多い（ただし、媒介動物
　　なしに感染する感染症あり）
③　病原体が侵入しやすい居住空間や生活様式である（ウイルスや媒介動物な
　　どと接触しやすい）
④　公衆衛生の状態がよくない（栄養、衛生状態が悪い）
　したがって、感染症の対策として最も重要なことは、ウイルスや細菌など感染
症を引き起こす病原体の自然宿主や、蚊、ダニなどの媒介動物の生態を知り、病

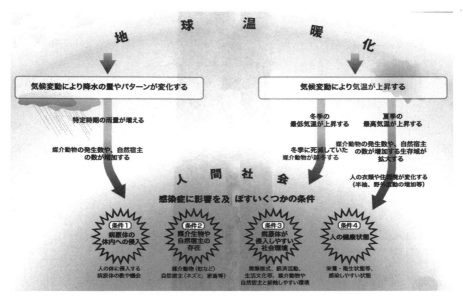

図3.20　地球温暖化と感染症　参考文献4)

原体の感染経路の遮断と、媒介動物の増加を抑えることである。

　代表的な「感染症の適応策技術（予防）」の概要を以下に示す。

　［例］

　1）蚊が媒介する感染症

　　　感染症を媒介する蚊の生態を知り、蚊の環境因子を調整することによっ
　　て、感染症を予防することができる。

　　　多くの感染症を媒介する蚊は、水たまりに産卵し、幼虫（ボウフラ）は
　　夏期には1週間程度で育って成虫になる。ボウフラが成育するためには、
　　大量の水は必要としない。植木鉢の受け皿や空き缶、放置されたビニール
　　シートやタイヤ、庭の水たまりや雨水マス、側溝などにわずかな雨水がた
　　まっても発生源になる。これらの発生源を除去することは、媒介蚊の増加
　　を抑制することになり、感染症の予防に有効である。

　2）下痢症やコレラなど水媒介感染症

　　　汚染された水が原因で生じる下痢症やコレラなどの水媒介性感染症は、

気温などの気象要因と強く関連しており、温暖化は水媒介性感染症の発生リスクを高めることになる。このため、上水や下水などの処理を適切に行い、安全な水環境を確保することが重要となる。

　前述「⑤水資源分野」の緩速ろ過処理を用いた「水循環システム（例）」（P.115）のとおり、生態系（土壌）は水源涵養機能（水資源貯留・水質浄化）を有し、この働きを活用した「緩速ろ過処理」は、コレラ菌などの病原菌も除去[注]することができる。上・下水の処理の他、雨水・河川水・湖沼水・再生水の利用などの処理に活用することで、安全な水環境の形成に貢献することができる。

　なお、現在多くの浄水施設では「緩速ろ過処理」に換わって「急速ろ過処理」が採用され、この処理では塩素滅菌等の方法で消毒を行っている。

注）1800年代欧州では、下水で汚染された水が原因でコレラが大流行したが、緩速ろ過（生物浄化）処理をしていた地域ではコレラの患者数が少なく、緩速ろ過（生物浄化）処理の有効性が証明されている（参考文献３））。

9

⑨ 産業・経済活動分野

　気候変動は、従業員の労働環境の変化（健康リスク増加、災害被災など）や原材料の収量・品質の低下、設備の維持管理にかかるコスト増、市場ニーズの変化などの形で、事業活動にさまざまな影響をもたらす（表3.9-1「産業・経済活動に及ぼす気候変動の影響と適応策技術」）。その多くは、農業、森林・林業、水産業の他、水環境、水資源、自然生態系、自然災害、健康、国民生活などの各分野の影響が反映されたものである。これらの影響は今後、長期にわたって拡大することが懸念される。現在生じている、また将来予測される産業・経済活動分野への気候変動の悪影響を回避・軽減する取り組みが重要になっている。

1. 気候変動の影響と適応策技術

　産業・経済に及ぼす気候変動の影響は、他の分野と関連してさまざまである。表3.9-1に「産業・経済活動」「金融・経済」「観光業」「その他の影響（海外影響等）」の各分野におけるそれぞれの気候変動の影響と適応策技術の概要を示す。

　産業・経済分野の適応策は、表3.9-2「事業活動への気候変動影響（例）」）に示すような影響を中長期的に将来予測し、それに対応した、悪影響を回避・軽減する取り組みとなる（表3.9-3「産業経済活動への気候変動適応の組込み（例）」参照）。

　なお、産業・経済活動に欠かせない経営資源（従業員、原材料、資源、商品、施設、資金、資産、技術、信頼等）に及ぼす影響の多くは、日本のことわざ「風が吹けば桶屋が儲かる」のように、自然災害や健康、農林水産、自然生態系、国民生活などの他の分野と関連するため、適応策技術を検討するにあたっては、気候変動の影響のさまざまなパターンを予測し、他の分野を含めた統合的な評価・判断が必要になる。

表3.9-1　産業・経済活動に及ぼす気候変動の影響と適応策技術　参考文献1）2）

分　野	気候変動の影響	適応策技術
産 業 ・ 経 済 活動	・製造業：平均気温の上昇によって、業種によって生産活動や生産設備の立地場所選定に影響。長期的に起こり得る海面上昇や極端現象の頻度や強度の増加は、業種によって生産設備等に直接的・物理的な被害。他方で、こうした気候変動の影響に対し、新たなビジネスチャンスの創出につながる場合もある。 ・エネルギー需給：極端現象の頻度や強度の増加、長期的な海面上昇によるエネルギーインフラへの影響被害に関する研究事例は少ない。 ・商業：気候変動による将来影響を評価している研究事例は乏しい。 ・建設業：気候変動による極端現象の頻度や強度の増加、気温の上昇、洪水や高潮等によるインフラ等への被害等が建設業に影響を及ぼすことが想定。 ・医療：気候変動による気温の上昇、災害リスクの増加、渇水の増加が、医療に影響を及ぼすことが想定。	・製造業、エネルギー需給、商業、建設業、医療の各分野においては、現時点で研究事例が少ないため、科学的知見の集積を図る。得られた知見を踏まえて、情報等の提供を通じ、官民連携により事業者における適応への取組や、適応技術の開発の促進。 ・物流における適応策は、災害時に支援物資の保管を円滑に行うため、地方公共団体と倉庫業者等との支援物資保管協定の締結の促進や、民間物資拠点のリストの拡充・見直し。また、鉄道貨物輸送を推進していく観点から、台風・雪崩・土砂災害等により貨物輸送に障害が発生した場合、関係者で連携した対策。
金融・経済	・保険損害が著しく増加し、恒常的に被害が出る確率が高まっている。保険会社では、従来のリスク定量化の手法だけでは将来予測が難しくなっており、今後の気候変動の影響を考慮したリスクヘッジ・分散の新たな手法の開発を必要としている。 ・自然災害とそれに伴う保険損害が増加し、保険金支払額の増加、再保険料の増加（予測）。	・自然災害に係るリスクマネジメントの高度化による損保業界の健全性の維持・向上に向けた取組みの推進。 ・損害保険各社におけるリスク管理の高度化に向けた取組や、損害保険協会における取組等について注視し、気候変動の影響に関する科学的知見の集積。
観光業	・風水害による旅行者への影響。 ・気温の上昇、降雨量・降雪量や降水の時空間分布の変化、海面の上昇は、自然資源（森林、雪山、砂浜、干潟等）を活用したレジャーへ影響を及ぼす可能性。気温の上昇によるスキー場における積雪深の減少。	・気候変動の影響を踏まえ、外国人を含む旅行者の安全を確保するため、災害時多言語支援センターの設置や観光施設・宿泊施設における災害時避難誘導計画の作成促進、情報発信アプリやポータルサイト等による災害情報・警報、被害情報、避難方法等の提供。

	・A1Bシナリオ^{注1)}を用いた予測では、2050年頃には、夏季は気温の上昇等により観光快適度が低下するが、春季や秋〜冬季は観光快適度が上昇。 ・A2シナリオ^{注2)}を用いた予測では、降雪量及び最深積雪が、2031〜2050年には北海道と本州の内陸の一部地域を除いて減少することで、ほとんどのスキー場において積雪深が減少。 ・海面上昇により砂浜が減少することで、海岸部のレジャーに影響を与える（予測）。	・災害時に宿泊施設を避難所として活用する内容の協定締結を促進（防災担当部局に働きかけ）。 ・災害による直接的な影響がない地域における風評被害防止（ウェブサイトや海外の旅行博、誘客促進支援事業等を通じて、被災状況、交通情報等を正確に提供する等により、被災地域の周辺地域の社会経済の被害を抑える）。 ・スキー、海岸部のレジャー等の観光業については、地域特性を踏まえ適応策を検討、適応計画の策定等の促進。
その他の影響（海外影響等）	・エネルギーの輸入価格の変動、海外における企業の生産拠点への直接的・物理的な影響、海外における感染症媒介者の増加に伴う移住・旅行等を通じた感染症拡大への影響等が日本においても懸念（英国での検討事例等）。 ・北極域の海氷面積は減少し続けていること、21世紀の間、世界平均地上気温の上昇とともに、北極域の海氷面積が縮小し、厚さが薄くなり続ける可能性が非常に高い（IPCC第5次評価報告書）。	・気候変動が及ぼす海外影響について科学的知見の集積。 ・気候変動によって北極海における海氷面積が減少していることを受け、北極海航路の利活用の可能性について世界的な関心が高まっている。このため、海運企業等の北極海航路の利活用に向けた環境整備。

注1）A1Bシナリオ：1980〜1999年平均を基準とした長期（2090〜2099年）の変化量が1.7〜4.4℃（最良推定値2.8℃）

注2）A2シナリオ：1980〜1999年平均を基準とした長期（2090〜2099年）の変化量が2.0〜5.4℃（最良推定値3.4℃）

表3.9-2　事業活動への気候変動影響（例）　参考文献3）

経営資源及び事業活動	気候変動影響の例
建物・設備	・異常気象、気象災害による施設の損傷頻度や修復費用の増加 ・海面上昇や高潮等による移転の必要性の増加
従業員等	・熱中症や感染症による健康リスクの増加や、熱中症防止対策に伴うコストの増加 ・気象災害による従業員の被災や通勤の阻害
製造・活動	・気象災害等による製造施設の損傷や事業活動の中断 ・気候条件変化（降水量、気温、湿度等）による製品品質、水利用への影響
供給・物流	・サプライヤーの被災などサプライチェーン断絶による事業活動の中断 ・原材料の収量や品質の低下、原材料等のコスト増

市場・顧客	・顧客ニーズや消費者動向の変化（例：高温耐性へのニーズ等） ・取引や融資の条件の変化（例：気象災害の増加に関わらず安定供給が求められる）

表3.9-3　産業経済活動への気候変動適応の組込み（例）　参考文献3）

業務及び活動	気候変動適応の組込み例
商品開発	・気温上昇等による消費者嗜好の変化や原材料価格の変化などを想定した商品開発や販売戦略の策定
施設管理	・洪水や熱波の発生を考慮した施設設計による被害軽減、改修費や機会損失等の抑制
品質マネジメント	・高温多湿等による品質低下を防止するための管理体制の構築
環境マネジメント	・高温時の悪臭発生防止や水質悪化等を考慮した管理体制の構築 ・洪水時の汚染土壌や廃棄物等の流出防止措置の実施
安全衛生管理	・屋外作業員の熱中症予防対策の導入 ・感染症リスク防止のための、空調・排水路等の衛生管理
サプライチェーンマネジメント	・災害等緊急時の原材料調達体制の確保 ・サプライヤーや顧客との気候変動影響に関する情報の共有
省エネルギー対策	・夏季の高温及び電力使用増加を防ぐための、再生可能エネルギーの導入及び職場環境の改善（通気改善や作業時間変更等による高温対策）

２．生態系の機能（恵み）を活用した適応技術

　産業・経済活動など人間の諸活動は生態系にさまざまな影響を与える（図3.21「人間の諸活動と生態系との関わり」参照）。

　そして、異常気象など現在直面する気候変動問題は、人間の諸活動によってもたらされた地球生態系の不健全化の問題である（図1.21「人間社会と地球生態系の関わり」P.35参照）。したがって、産業・経済活動分野における気候変動の影響に対する適応策は、産業・経済活動と生態系の変化（不健全化）の関係を明確にして、それに沿って対策を講じ、人間の諸活動と生態系ネットワークとの調和を図ることが最も重要となる。すなわち、図1.21に示す「人間社会」の「生産・加工（製品）→使用・消費→廃棄」の活動の中で、低炭素社会・循環型社会・自然共生社会の３つの社会を構築し、地球生態系への負荷低減と健全な地球生態系の創出を図ることである。

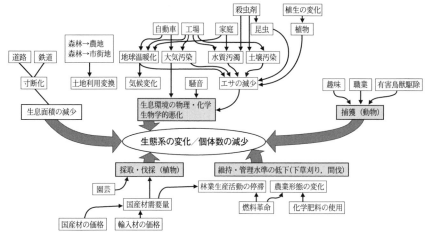

図3.21　人間の諸活動と生態系との関わり　参考文献4)

　気候変動の適応策技術は以上のことを基本として、産業・経済活動に及ぼす気候変動の個々の影響に対して、生態系の機能（恵み）を活用した技術を補足・補完的に導入して、悪影響の防止・軽減（好影響の増長）を図ることになる。具体的には、産業・経済活動にもたらす気候変動の影響の多くは、農業、森林・林業、水産業の他、水環境、水資源、自然生態系、自然災害、健康、国民生活などの各分野の影響が反映されたものであることから、他の分野の「2．生態系の機能（恵み）を活用した適応技術」によってできる限り悪影響の防止・軽減を図り、それでも生じることが予測される悪影響に対しての取り組み（表3.9-3に示す管理・対策など）となる。

10

国民生活・都市生活分野

　近年、各地で、記録的な豪雨・強雨や大型台風などの異常気象による洪水、土砂災害、電気・水道インフラへの影響等が頻発し、国民生活・都市生活に甚大な被害をもたらしている。また、都市域では、ヒートアイランド現象と気候変動による気温上昇が重なることで大幅に気温が上昇し、熱中症リスクの増大や快適性の損失など都市生活に大きな影響を与えている。これらの悪影響が今後、長期にわたって拡大することが懸念される。このような現在生じている、また将来予測される国民生活・都市生活分野への気候変動の悪影響を回避・軽減する取り組みが重要になっている。

1．気候変動の影響と適応策技術

　国民生活・都市生活に及ぼす気候変動の影響は、物流、道路、鉄道、上・下水道施設等のインフラ・ライフラインや、生物季節の変化による伝統行事・地場産業、暑熱による熱中症のリスク増大・快適性の損失など広範囲にわたりさまざまである。表3.10に「インフラ、ライフライン等」「文化・歴史などを感じる暮らし」「その他（暑熱による生活への影響）」の各分野における気候変動の影響と適応策技術の概要を示す。

表3.10　国民生活・都市生活に及ぼす気候変動の影響と適応策技術　参考文献1）2）

分　野	気候変動の影響	適応策技術
インフラ、ライフライン等	・近年、各地で、記録的な豪雨による地下浸水、停電、地下鉄への影響、渇水や洪水、水質の悪化等による水道インフラへの影響、豪雨や台風による切土斜面への影響等が確認されている。	・物流：荷主と物流事業者の連携した対応の促進。災害時に支援物資の保管を円滑に行うため、地方公共団体と倉庫業者等との支援物資保管協定の締結の促進や、民間物資拠点のリストの拡充・見直し。台風・雪崩・土砂災害等により鉄道貨物輸送に障害が発生した場合、関係者で連携した対策。

分　　野	気候変動の影響	適応策技術
	・気候変動による短時間強雨や渇水の頻度の増加、強い台風の増加等が進めば、インフラ・ライフライン等に影響が及ぶ。	・鉄道：ハザードマップ等に基づき、浸水被害が想定される地下駅等について、出入口、トンネル等の浸水対策の推進。鉄道施設における大雨災害の増強による土砂崩落等や、高潮・高波リスクの増加による海岸侵食等を防止するため、落石・なだれ対策および海岸等保全の推進。 ・港湾：海上輸送機能を確保する観点から、浸水被害や海面水位の上昇に伴う荷役効率の低下等に対して、係留施設、防波堤、防潮堤等について所要の機能の維持。気候変動による風況の変化に備え、クレーン等逸走対策の推進。災害時において港湾の物流機能を維持し、背後産業への影響を最小化するため、施設について所要の機能の維持。企業等に対するリスク情報の提供や港湾の事業継続計画（港湾BCP）の策定等。 ・空港：人命保護の観点から、高潮等に関する浸水想定を基にハザードマップを作成するとともに、災害リスクに関する情報提供のための仕組みを検討し、空港利用者等への周知等。近年の雪質の変化等を踏まえて空港除雪体制を検討し、再構築。 ・道路：緊急輸送道路として警察、消防、自衛隊等の実動部隊が迅速に活動できるよう、安全性、信頼性の高い道路網の整備、無電柱化等の推進。「道の駅」においては防災機能の強化。災害時には早急に被害状況を把握し、道路啓開や応急復旧等により人命救助や緊急物資輸送を支援。併せて、通行規制等が行われている場合、情報通信（ICT）技術を活用し、迅速に情報提供。 ・水道インフラ：水の相互融通を含めたバックアップ体制の確保。老朽管を水害等の自然災害にも耐えられる耐震管へ更新するなどの水道の強靱化に向けた施設整備。施設の損壊等に伴う減断水が発生した場合における迅速で適切な応急措置及び復旧が行える体制の整備。 ・廃棄物処理施設：地域の廃棄物処理システムの強靱化。市町村等による水害等の自然災害にも強い廃棄物処理施設の整備や地域における地方公共団体及び関係機関間の連携・支援体制の構築。

分　　野	気候変動の影響	適応策技術
		・交通安全施設等：交通管制センター、交通監視カメラ、車両感知器、交通情報板等の交通安全施設の整備。災害・緊急時に通行止め等の交通規制を迅速かつ効果的に実施。災害発生時の停電による信号機の機能停止を防止する信号機電源付加装置の整備。 ・調査・研究：気候変動がインフラ・ライフライン等に及ぼす影響について、調査研究を進め、科学的知見の集積。
文化・歴史を感じる暮らしなど	・さくら、かえで、せみ等の動植物の生物季節の変化。 ・さくらの開花日及び満開期間について、A1Bシナリオ^{注1)}及びA2シナリオ^{注2)}の場合、将来の開花日は北日本などでは早まる傾向にあるが、西南日本では遅くなる傾向にある。また、今世紀中頃及び今世紀末には、気温の上昇により開花から満開までに必要な日数は短くなる。それに伴い、花見ができる日数の減少、さくらを観光資源とする地域への影響（予測）。 ・気候変動が生物季節、伝統行事・地場産業等に影響を及ぼす。	・地域で適応に取り組むため、関連する情報の地域への提供や関係者間との共有。植物の開花や紅葉などの生物季節観測の実施。 ・気候変動が伝統行事・地場産業に及ぼす影響について、調査研究を進め、科学的知見の集積。
その他の生活への影響（暑熱による影響）	・都市の気温上昇は既に顕在化。熱中症リスクの増大や快適性の損失など都市生活に大きな影響。 ・日本の中小都市における100年あたりの気温上昇率が1.4℃（統計期間：1931～2014年）であるのに対し、主要な大都市の気温上昇率は2.0～3.2℃であり、大都市において気候変動による気温上昇にヒートアイランドの進行による気温上昇が重なっている。都市域ではより大幅に気温が上昇することが懸念。	・ヒートアイランド現象を緩和するため、実行可能な対策を継続的に推進、短期的に効果が現れやすい対策を併せて実施。また、ヒートアイランド現象の実態監視や、ヒートアイランド対策の技術調査研究。 【対策】 ・緑化や水の活用による地表面被覆の改善^{注3)} ・人間活動から排出される人工排熱の低減^{注3)} ・緑地や水面からの風の通り道の確保等都市形態の改善^{注4)} ・ライフスタイルの改善等（打ち水や緑のカーテンの普及推進、省エネルギー製品の導入促進、夏の軽装やエコドライブの推進等による都市熱の発生抑制など） ・観測・監視体制の強化及び調査研究の推進 ・人の健康への影響等を軽減する適応策の推進（暑さ指数（WBGT）の実況値・予測値や熱中症予防情報の公表など）

注1）　A1Bシナリオ：1980～1999年平均を基準とした長期（2090～2099年）の変化量が1.7～4.4℃（最良推定値2.8℃）

注2）　A2シナリオ：1980～1999年平均を基準とした長期（2090～2099年）の変化量が2.0～5.4℃（最良推定値3.4℃）

注３）参考文献：東京都環境局「ヒートアイランド対策ガイドライン」（平成17年７月）
注４）参考文献：国土交通省（2013）「『ヒートアイランド現象緩和に向けた都市づくりガイドライン』の策定について」

２．生態系の機能（恵み）を活用した適応技術

　国民生活・都市生活分野における気候変動の影響として、気温上昇による熱中症のリスク増大や快適性の損失などが挙げられる。特に都市域では、ヒートアイランド現象（「環境ミニセミナー「ヒートアイランド現象とは」P.155参照）と重なり、大幅な気温上昇によって熱ストレスが増大し、日常生活における熱中症の多発が懸念される。この適応策として、植物を中心とする生態系の空気調和（浄化）機能の活用が有効である。

環境ミニセミナー　ヒートアイランド現象とは

　ヒートアイランド現象とは、都市域の中心部の気温が郊外に比べて島状に高くなる現象です。主な原因としては、人工排熱の増加（建物や工場、自動車などの排熱）、地表面被覆の人工化（緑地の減少とアスファルトやコンクリート面などの拡大）、都市形態の高密度化（密集した建物による風通しの阻害や天空率の低下）の３つが挙げられています（図S.11）。

　東京都などの大都市域[注]は近年、ヒートアイランド現象が顕著であり、熱帯夜の増加による睡眠障害、熱中症の発生の増加、大気拡散の阻害による大気汚染、集中豪雨の増加、エネルギー（空調冷房）の消費量増大とそれにともなう悪循環などに影響を及ぼし、深刻な社会問題となっています。

注）日本の中小都市における100年あたりの気温上昇率が1.4℃（統計期間：1931～2014年）であるのに対し、主要な大都市の気温上昇率は2.0～3.2℃であり、大都市においては気候変動による気温上昇とヒートアイランドの進行による気温上昇が重なっている。

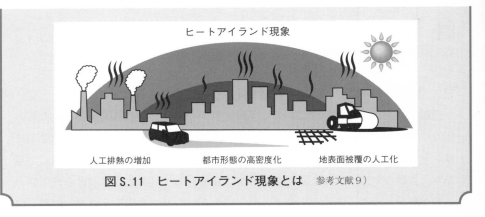

図S.11 ヒートアイランド現象とは 参考文献9）

人工排熱の増加　　都市形態の高密度化　　地表面被覆の人工化

植物の空気調和（浄化）機能とは

　森林生態系など植物を中心とした生態系は、さまざまな生物が生息し、おいしい水ときれいな空気をつくる源となっている（「図1.5『森林生態系の概要』の説明」P.6参照）。

　特に植物は、光合成や呼吸、蒸散などの働きにより、高い空気調和（浄化）機能を有している。植物を中心とした生態系の空気調和（浄化）機能を以下に挙げる。

【植物を中心とした生態系の空気調和（浄化）機能】

▶ 　光合成の働きにより、温暖化の原因物質である空気中の二酸化炭素（CO_2）を吸収・固定し、人間など動物の生命維持に必要な酸素（O_2）を放出する。

▶ 　多くの植物は根に十分な水分がある状態では、周辺の空気が乾燥すると、蒸散によって葉から水分を蒸発し、蒸発の潜熱は周辺の空気の熱を吸収（冷却）する。空気が湿潤な状態になれば気孔が閉じ、蒸散が止まる。これにより周辺空気を55〜60％の快適な湿度環境に保ち、自然の加湿器として使われている事例もある。

▶ 　気温の上昇や空気の乾燥にともない、土壌中の水分や植物（葉、枝、幹、根など）に付着した水分が蒸発し、蒸発の潜熱は周辺の空気の熱を吸収（冷却）する。

▶ 樹木を中心とした緑化は、一定程度の太陽光を反射し、また伝導熱を抑制し、木陰の快適環境を形成する。

▶ 光合成や呼吸にともなう気孔からのガス交換作用によって、空気中の汚染物質は吸収され、植物体内に取り込まれる。吸収される大気汚染物質としては、揮発性有機化学物質（VOC）や窒素酸化物（NO_x）、硫黄酸化物（SO_x）などが確認されている。

▶ 空気中の NO_x、SO_x などの大気汚染物質が溶け込んだ降雨が、葉の表面から植物体内に吸収される（葉面吸収）。

▶ 空気中の NO_x、SO_x などの大気汚染物質が気流（風）により、植物と接触し、葉の表面などに付着（吸着）して植物体内に吸収される（葉面吸収）。

▶ 蒸散によって根の周辺の水分が植物の体内に移動し、それにともない根周辺の空気が土の中に引き込まれ、空気中の NO_x などの大気汚染物質が根付近に多く存在する微生物に吸収（吸着）、分解される。また、空気中の NO_x などの大気汚染物質が溶け込んだ降雨が土壌に浸水して、降雨を介して、根付近の土壌微生物に取り込まれる。

▶ 植物に吸収された汚染物質は、根圏（根及び、その周辺土壌）まで流れ、土壌に固定される。最終的には、そこに生息する土壌微生物によって分解される。

▶ フィトケミカルは、植物が有害物質や有害微生物、害虫から自らを守るために出している物質である。植物周辺の空気環境へのフィトケミカル放出により、汚染物質やカビなどの浮遊有害物質を抑制する効果が期待される。

以上のように「植物を中心とした生態系の空気調和（浄化）機能」は、生活環境における気温上昇の抑制（冷却）と湿度の調整、汚染空気の浄化、快適環境の形成などの働きがあり、気候変動による気温の上昇とヒートアイランド現象の悪影響である、熱中症の発生の増加、熱帯夜の増加による睡眠障害、大気汚染、快適性の損失などの適応策として有効である。また、これを活用することにより、エアコン等の空調冷房のエネルギー消費を抑制することができ、温暖化及びヒートアイランド現象の緩和策としても有効である。

気候変動（気温上昇）とヒートアイランド現象の適応技術

―植物の空気調和（浄化）機能の活用―

　生活環境における、気候変動とヒートアイランド現象による気温の上昇に対する適応策として、上述の「植物を中心とした生態系の空気調和（浄化）機能」を活用する技術は、次の3つに大別することができる。

　　a）　都市域における森林の整備・保全、及び空き地や公園などの緑化の推進（環境ミニセミナー「『水と緑のネットワーク』で快適環境の形成」P.164参照）

　　b）　建築物への屋上緑化や壁面緑化の導入、及び敷地内の自然被覆化や樹木緑化の推進（図3.22「建築物のヒートアイランド対策（例）」）

　　c）　最も身近な生活環境である屋内（室内）に観葉植物などの植栽の活用

　この中でb）は、空調負荷低減による省エネルギー効果や夏季の熱中症対策など多く効果が期待できるため、近年、関心が高く、注目されている。b）の「建築物への屋上緑化や壁面緑化の導入」の留意点、効果、課題について、以下に紹介する。

建築物への屋上緑化や壁面緑化の導入

A）　屋上緑化や壁面緑化の留意点

　我が国では、屋上緑化・壁面緑化の推進のため、多くの地方自治体で条例や助成制度を設けている。緑化に当たっては、これらに従って対処することが必要となる。例えば東京都などを参考にすると、次の点に留意することが必要である。

　　①　地上での緑化に加え、建物の屋上、壁面及びベランダ等の緑化に努め、緑化面積を可能な限り大きくする。

　　②　緑化は樹木を中心とし、屋上、ベランダ等で樹木による植栽が困難な場合は芝、多年草等による緑地面積の確保に努める。

　　③　既存の樹木は可能な限り生かし、実のなる木や草花、水辺の配置、昆虫や鳥などの生物多様性への配慮など多彩な緑化を行うよう配慮する。

　　④　緑化の際は、植栽は在来種を選定し、生態系等に被害を及ぼすおそれのある外来種は持ち込まない。

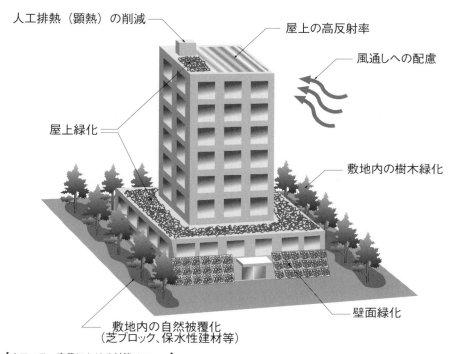

人工排熱（顕熱）の削減

屋上の高反射率

風通しへの配慮

屋上緑化

敷地内の樹木緑化

壁面緑化

敷地内の自然被覆化
（芝ブロック、保水性建材等）

【オフィス・商業における対策メニュー】
● 高層化に伴い創出される地上の空地において、可能な限り自然的被覆に近い材料（保水性建材、芝ブロック　等）を使用して、地表面温度上昇を抑制
● 高層化に伴い創出される地上の空地において樹木緑化（樹冠の大きなもの）を実施することで、木陰を創出し、地表面温度上昇を抑制するとともに、歩行者の熱環境を改善
● 可能な限り、低層部屋根面に屋上緑化を実施し、屋上表面温度上昇を抑制（室内の省エネルギー化にも寄与）
● 高層部屋上面では、屋上緑化に併せて、反射率の高い塗料等により、蓄熱を抑制し屋上表面温度上昇を抑制（室内の省エネルギー化にも寄与）
● コンクリート・タイル等の人工被覆壁面に蓄積された熱による、歩行者への影響を抑制するため、壁面緑化の実施により、その輻射熱を緩和（室内の省エネルギー化にも寄与）
● 設備の省エネ化及び外部からの熱の侵入を抑制することにより、人工排熱を削減
● 人工排熱（顕熱）を可能な限り抑制し潜熱化するとともに、高い位置から排出し、地上や歩行者への影響を緩和
● 新築時においては、夏の主風向の通風を妨げない建築物の形状・配置に配慮

出典：東京都環境局「ヒートアイランド対策ガイドライン」（平成17年7月策定）

図3.22　建築物のヒートアイランド対策（例）　参考資料3）

⑤　近隣地域の美観の形成や快適性に配慮し、高木・中木と低木を組み合わせて量感と連続性のある樹木を配置する。

⑥　駐車場の接道部では、生け垣や高木を植栽し、車止め後方等で緑化が可能な部分は中木・低木などによる緑化に努める。

⑦　雨水・循環水の活用、落葉の堆肥化など、省エネルギー・省資源に配慮する。

⑧　客土にあたっては、小石や砂利は極力、除去し、樹木の育成が良好に保たれる土壌を使用する。

［屋上緑化］

⑨　屋上緑化は、屋上面積、設計積載荷重、屋上設備や維持管理、利用目的等を勘案するとともに、次の点に留意して、できるだけ緑化面積を大きくする。

▶　建築物への影響を防止するため、植栽による荷重が設計積載荷重を超えないよう注意する。

▶　緑地は、樹木等を維持・育成する植栽土壌等と排水層、防根層によって構成する。

▶　植栽基盤には、基盤中に十分な水分を保持できる資材を用いるとともに、植栽する樹種や高さに応じて、十分な土壌の厚さを確保する（図3.23「屋上緑化の植栽基盤（例）」）。

▶　土壌の乾燥を防ぐため、地表面は地被植物などのマルチング（土壌被覆）材で覆うとともに、かん水については、原則として雨水のみに頼ることは避け、給水栓などかん水のための設備をあらかじめ設置しておく。

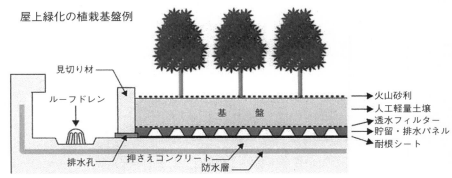

屋上緑化の植栽基盤例

見切り材
ルーフドレン
基　　盤
火山砂利
人工軽量土壌
透水フィルター
貯留・排水パネル
耐根シート
排水孔
押さえコンクリート
防水層

図3.23　屋上緑化の植栽基盤（例）　参考資料4）

▶　風の影響が強い場所では、高木を単独で植栽することは避け、周囲に防風のための生け垣やルーバーなどを設けるとともに、支柱や根鉢の支持材を設置して樹木の安定化を図る。また、地表面は地被植物やマルチング（土壌被覆）材で覆い土壌の飛散を防止する。

▶　植栽する植物は、日照、耐乾性、耐風性、土壌厚、生長速度、重量や維持管理、利用目的等を勘案して、適切なものを選定する。　など

［壁面緑化］

⑩　壁面緑化に当たっては、基本的に⑨屋上緑化と同様の事項について留意し、美観の形成に配慮しながら利用目的に応じた適切な緑化に努める。

▶　比較的大きな実をつける植物を用いる場合、落果による事故や周辺を汚す等の恐れがあるため、設置場所や利用形態に応じて適切な種類を選定する。

▶　落葉性の植物を植栽する場合は、落ち葉の飛散や冬季の外観について十分検討する。

▶　補助資材を設置する場合、植栽する植物の生長限界を検討し、設置高さを設定する。

▶　補助資材を設けない直接登はん型の場合は、外壁表面は植物が付着しやすいよう粗面とし、補助資材を設ける巻き付き型の場合は、バランスよく壁面を覆うよう人の手により枝幹を誘引する（図3.24「壁面緑化（登はん型と下垂型の例）」）。

▶　下垂型の場合、屋上やベランダ等の外壁面脇に、固定式植栽基盤または可動式植栽基盤を設けて植栽する。また、ベランダ等から下垂させた際に、繁茂が著しい場合、せん定等が必要になるため、植物の選定及び実施については十分な検討を行う（図3.24「壁面緑化（登はん型と下垂型の例）」）。　など

B）　屋上緑化や壁面緑化の効果

　屋上緑化や壁面緑化には、前述の「植物を中心とした生態系の空気調和（浄化）機能」（P.156）などによって、次のような効果が期待できる。

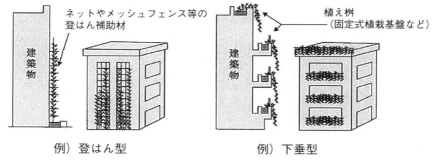

例）登はん型 　　　　　　　　　　　 例）下垂型

図3.24　壁面緑化（登はん型と下垂型の例） 参考資料4）

①気候変動とヒートアイランド現象による高温化の緩和効果

　　植物を中心とした生態系には、蒸発散（潜熱）による冷却、太陽光の反射
や伝導熱の抑制（木陰の形成）などの効果がある。

②省エネルギー効果

　　緑化は、夏季の断熱・冷却効果、冬季の保温効果でエアコン等の空調冷・
暖房のエネルギー消費を抑制する。

③空気の浄化効果

　　植物を中心とする生態系は、空気中の CO_2、NO_x、SO_x、揮発性有機化学物
質（VOC）、その他の大気汚染物質（粉塵、O_3、重金属など）を浄化する。

④大気中の二酸化炭素（CO_2）削減効果

　　植物の光合成により、大気中の二酸化炭素（CO_2）を吸収・固定する。

⑤癒しの効果及び教育的効果

　　緑化には、緊張感を和らげたり、情緒の安定などの精神的な効果のほか、
疲労の回復、ストレスの解消などの効果がある。また、植物を中心とする生
態系を通して生命の尊さなどを学ぶ場を提供するといった情操・環境教育的
な効果がある。

⑥雨水流出の緩和効果

　　植物を中心とする生態系（土壌を含む）の保水により、急激な雨水の流出
を緩和する効果がある。

⑦建物の保護効果

　　太陽光の反射や伝導熱の抑制、木陰の形成により、紫外線や酸性雨、急激な温度変化から建物を保護する。

⑧防火・防熱の効果

　　植物（生木）には、防火や防熱（火災時の輻射熱の抑制）の効果がある。

C）　屋上緑化や壁面緑化の課題

　屋上緑化・壁面緑化の導入には、建築と造園の両分野にまたがる知識や技術が必要とされるため、設計、施工、維持管理のそれぞれの局面で留意点や課題がある。

　設計段階では、積載荷重に関する検討が必要となり、屋上に敷く土壌の厚みを増すことで、背の高い樹木を導入してより高い効果が期待できるが、その分、建物に加わる荷重も増し耐震性にも影響が出る。建築計画の最初の段階から、緑化にともなう荷重を固定荷重として組み込んでおくことが重要である。

　また屋上緑化は、建物の防水層に植栽土壌が接する形となり、成長する植物の根が防水層を突き破ってしまうことのないよう、防根層を設ける必要があり、コストも膨らむ。また、風による土壌の飛散を防止する措置が必要となる場合もある。

　さらに屋上緑化には、潅水のための雨水・循環水（排水含む）の維持管理や定期的な植栽の剪定（生長・重量の管理）など、初期の建設費用にこれらの維持費用が加わったものであることに留意が必要である。

環境ミニセミナー 「水と緑のネットワーク」で快適環境の形成

　「植物を中心とした生態系の空気調和（浄化）機能」には、生活環境における、気温上昇の抑制（冷却）と湿度の調整、汚染空気の浄化、快適環境の形成（そよ風等）の働きがあります（P.156参照）。

　国土交通省では、都市化の進展などにより、水量の減少、水質の悪化、湧水の枯渇、良好な緑の減少、生物の生息・生育環境の喪失など、都市環境の悪化してきた地域において、「水」と「緑」の豊かな「ネットワーク」を形成する制度（整備構想の受付→登録→整備計画→整備実施）を設けています。このような制度で都市環境を改善することにより、「豊か」で「きよらか」な水辺環境と、緑あふれる都市環境を身近に創出することができます（図S.12）。

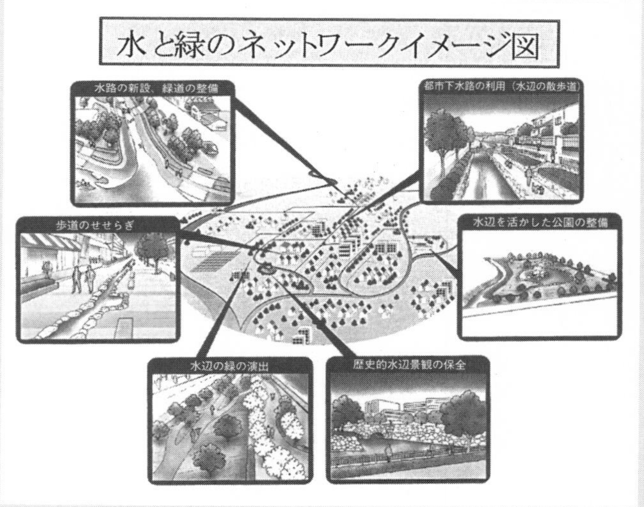

図S.12　水と緑のネットワークイメージ図　　参考文献12)

　植物を中心とした生態系は上述の働きのほか、水辺環境や緑地環境の気温が周辺市街地と異なる（低温）ため、温度差によって風の流れが生じ、気温緩和の働きがあります。コミュニティーレベル（集落）ごとに各場所に適した方法で「水と緑のネットワーク」を形成することにより、生活環境における気温上昇や乾燥化を緩和することができ、気候変動とヒートアイランド現象の適応策としての効果が期待できます。

4 章

"気候変動"適応策を実施するにあたっての留意点
―原点（生態系）に戻って考え、それを基調に地球環境の保全―

　健全な地球生態系は、安定した気候や清浄な空気（酸素供給）、おいしい水、土地保全、生物保全、自然エネルギー、バイオマス（植物・動物・微生物）など、人類に多様・多大な恩恵を持続的に与えてくれる。この恵み豊かな地球生態系を確保するために最も大切なことは自然と共生することである。従って、持続可能な社会実現のための気候変動適応策は、「人間も生態系を構成する一員であり、生態系全体によって支えられているとともに人間の活動が生態系全体に大きな影響を与える」、このことをしっかり認識した上で、生態系の機能（恵み）を活用した適応策技術（手法）を主体的に使って、地球生態系への負荷の低減と、不健全な地球生態系の修復及び健全で恵み豊かな地球生態系の創出を図ることが重要となる（1 章「11それでは、どうしたらよいのか？…緩和と適応」P.37参照）。すなわち、原点（生物生存の基盤）である地球生態系に戻って考え、それを基調に地球環境の保全を図ることである。

　このことを踏まえ、ここでは、以下1、2、3の項目ごとに気候変動適応策を実施するにあたっての留意点を挙げた。

　ただし、農業・林業・水産業、水環境・水資源、自然災害、健康など各分野の適応策を検討、実施するに当たっては、基本的には、2 章「4気候変動の影響と適応策（基本的考え方）」（P.66）に留意することが必要である。

事前調査及び目的・目標、手法などの設定

特に留意すべきは"生態系のバランスと多面的機能に配慮"

生態系は、大気や水、土壌などにおける物質循環や、生物間の食物連鎖などを通じて、絶えずその構成要素を変化させながら、全体としてバランスを保っている。人間の諸活動にともなう生物の著しい減少や絶滅、異常繁殖や外来種の増加などは生態系のバランスを損ねる要因となる。よって、生態系の機能（恵み）を活用した適応策技術（手法）を使って気候変動対策を実施するにあたっては、生態系のバランス（物質循環・食物連鎖・生態系ピラミッドなど）に配慮しながら、地球生態系への負荷の低減と、不健全な地球生態系の修復及び健全で恵み豊かな地球生態系の創出を図る取り組みを進めていくことが重要となる（1章「[11]それでは、どうしたらよいのか？…緩和と適応」P.37参照）。

また、生態系は、生産機能、生物資源保全機能、国土保全機能、環境保全機能など多面的な機能（恵み）を有するため、ほかの機能（恵み）にも配慮しながら、総合的に評価・判断・実施することが必要となる。

PDCA サイクルに沿って気候変動適応策

生態系は多面的な機能（恵み）を有するとともに一度劣化した後の回復には長い年月を要するため、生態系の機能（恵み）を活用した適応策技術（手法）を使って気候変動対策を実施するにあたっては、PDCA（plan-do-check-act）サイクルの考え方に基づき、目指す目的・目標の達成に向けて、事前調査及び実施計画の検討（Plan）→対策の実施（Do）→事後調査及び効果検証（Check）→対策の見直し・改善（Act）の手順に沿った適切かつ効果的な取り組みが求められる（図4.1「気候変動対策のPDCAサイクル」参照）。

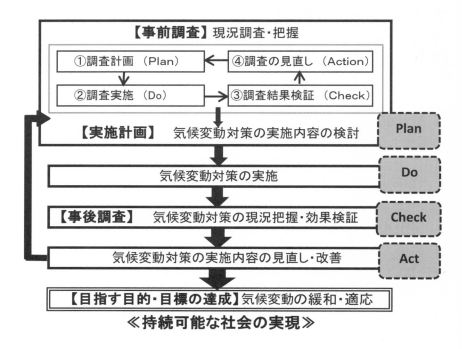

図4.1　気候変動対策の PDCA サイクル

事前調査及びその結果に基づく実施計画

　生態系の機能（恵み）を活用した気候変動対策を実施するにあたっては、最初に、実施の対象となる陸域や水域の生態系に関連する情報（経歴、実態、課題、地域の要望、利害関係、将来的展望等）を事前に調査して、その結果をもとに目的・目標、適応策技術（手法）を設定し、その上で、実施体制、スケジュール（長期・中期・短期）、イニシャル・ランニングコストなどの実施計画を立てることが必要になる。また、類似する生態系における実施事例（成功・失敗例）や研究・調査資料なども参考にすることが大切である。

目的・目標の設定

　目的・目標は、事前調査の結果をもとに気候変動適応策の実施の対象となる現

場の課題を明確にして、課題解決に向けて、長・短期的な観点から設定すること
になる。

　　［例］

　自然災害分野の気候変動適応策

　　　目的：森林生態系の水源涵養機能及び国土保全機能を活用し、気候変動（局
　　　　　　所的豪雨など）による洪水や土砂浸食、土砂崩落などの悪影響を防止・
　　　　　　軽減・抑制する。

　　　目標：対応することが可能な気候変動のレベル（積算降水量などに換算）

適応策技術（手法）の設定

　生態系の機能（恵み）を活用した適応策技術（手法）の設定にあたっては、選
定する適応策技術（手法）の「効果」、「課題」などを長・短期的な観点から見据
えつつ、実施の対象となる陸域や水域の生態系の特性、目的・目標の優先度、実
現性（施工性、維持管理性、経済性、持続性等）、実施に伴う環境影響評価（環境
アセスメント）注）などを総合的に勘案しながら検討し、対象となる現場に関わる
人々の合意形成に基づき決定していくことが重要となる。

注）環境ミニセミナー「生態系に関する環境影響評価」（P.170）を参照.

環境ミニセミナー　生態系に関する環境影響評価

環境影響評価（環境アセスメント）とは

　環境影響評価（環境アセスメント）とは、ダムや道路、鉄道、空港の建設といった開発事業など人間の活動による環境への悪影響を未然に防止するため、どのような影響を及ぼすかについて、事業者（活動者）自らが適正に調査・予測・評価を行い、その結果を公表して地域住民や関係者、専門家などから意見を聞き、環境保全の観点からよりよい事業（活動）計画を作り上げていこうという仕組み（制度）です。

生態系の環境影響評価の考え方

　生態系の環境影響評価は環境影響評価法に新たに取り入れられた項目であり、この背景として、第四次環境基本計画における重点分野「生物多様性の保全及び持続可能な利用に関する取組」などで指摘されているように、生態系が多様な価値を有するとともに一度劣化した後の回復の困難さが明らかにされてきたことが挙げられています。平成20年に成立した生物多様性基本法のなかでも、生物の多様性（生態系）に影響を及ぼすおそれのある事業を行う事業者等が、事業に係る生物の多様性（生態系）の保全について適正に配慮することが求められています。

　しかしながら、環境影響評価を適切に行うためには、対象となる環境要素の現状と影響の程度を明らかにする必要がありますが、生態系の全体像を把握することは現在の科学的知見では困難であることが多く、手法も確立しているとはいえません。したがって、評価に当たっては、事業（活動）特性や地域特性を十分に把握した上で生態系への影響が懸念される要素（項目）を抽出して個別に検討し、対象となる生態系への影響をどの側面から捉えるかといった視点が重要となります。さらに、生態系は大規模なものからきわめてミクロなものまでその規模はさまざまであること、そしてそれらは環境の諸条件に対応して連続的に分布するなど関連し合っていること、また生態系は生産機能や国土・環境保全機能、アメニティー機能など多面的な機能を有することなどを認識して、総合的に評価することも必要になります。

調査・予測・評価の手順（概要）

　環境影響評価の最終的な目的は評価であることから、何を評価すべきかという視点を明確にして調査・予測・評価を進めることが重要になります。

　まず最初に、環境特性、地域のニーズ、事業（活動）特性等から保全上重要な環境要素は何か、どのような影響が問題になるのか、対象とする地域の環境保全の基本的な方向性はどうあるべきかなどについて検討し、その結果を踏まえて、調査・予測・評価の項目及び手法を選定します（スコーピング）。

　次に、スコーピングで選定した項目及び手法に基づき、環境影響評価の実施段階に入ります（図 S.13「環境影響評価の実施段階（例：陸域生態系）」を参照）。

　最終段階では、生態系への影響の調査・予測、及び影響評価の結果に基づき環境保全のための対策（環境保全措置）を検討し、この対策がとられた場合に予測された影響を十分に回避または低減し得るか否かについて、事業（活動）者が自らの見解を明らかにし、その結果は、地域住民や専門家などの意見を踏まえ、事業（活動）計画に反映します。なお、事業（活動）による生態系の影響予測の不確実性が高いと判断された場合や、環境保全措置の効果・影響が不確実と判断された場合などには、工事中および事業（活動）の供用後の環境の状況や環境保全措置の効果を検証する事後調査が特段に重要になります。事後調査の結果によっては追加的措置を早急に講じることになります。

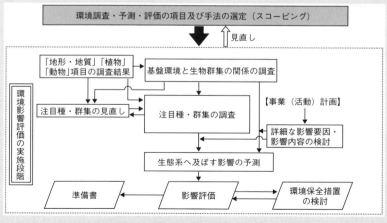

図 S.13　環境影響評価の実施段階（例：陸域生態系） 参考文献２）

② 適切な維持管理の徹底

生態系の機能（恵み）を高レベルで維持

　生態系の機能（恵み）を活用した適応策技術（手法）は、国土保全、環境保全、遺伝資源保全、温暖化緩和などの生態系の機能や、太陽光・熱、風力、水力、地熱、バイオマス資源、農・林・畜産物などの生態系の恵みを活用することから、この機能（恵み）を高いレベルで維持することが必要となり、そのために対象となる生態系施設や関連する生態系の適切な維持管理が重要になる。

生態系施設等の維持管理の内容

　生態系施設や関連する生態系の機能（恵み）を高いレベルで維持するための管理の内容は、目的・目標、適応策技術（手法）などによって異なる。例として、以下のA）、B）に、森林生態系と水域生態系のそれぞれの機能を活用した適応技術の維持管理の概要を挙げた。

【維持管理の概要（例）】

A）森林生態系の水源涵養機能及び国土保全機能を活用した適応技術（手法）

　森林生態系の水源涵養機能及び国土保全機能を活用し、洪水や土砂浸食、土砂崩落などの気候変動の悪影響を防止・軽減・抑制することを目的にした適応技術（手法）では、対象となる森林生態系におけるこの機能を高レベルに維持するため、以下のような管理項目が必要になる。

［維持管理項目］

▶　立木根系の発達を促すことで土壌緊縛力と樹幹支持力を向上させること、及び林内の光環境を改善して下層植生を発達させることを主な目的とし、「適地・適木・適正管理」の観点から、森林の現況に応じて、間伐（早期・強度・誘導・保守など）及び枝打ち、下刈りを実施する。

- ▶ 「適地・適木・適正管理」の観点から、現況に応じて、適切な植栽（早期・強度・誘導・保守・更新など）を実施する。
- ▶ 土壌侵食・流亡の防止、植生基盤の安定、土壌の保湿性の向上のための、森林生態系施設（伐木筋工、落葉・落枝被覆等）の保守点検・補修・更新の実施。
- ▶ モニタリング（森林現況調査）による情報収集とその結果に応じた補修・修正・整備（前述の他、気象害・鳥獣害・病虫害対策、生物種の保護など）。

B）水域生態系の水質浄化機能を活用した適応技術（手法）

　水環境分野における気候変動の悪影響としては、河川や湖沼、海洋などの水域における水温や水質（DO低下、藻類繁殖、生物反応促進、酸性化等）、流出入特性（土砂や栄養塩類等）の変化がある。これらの変化（ストレス）に対する適応技術として、水域の生態系の水質浄化機能の活用が有効であるが、この機能を高レベルに維持するため、以下のような管理項目が必要になる。

　［維持管理項目］
- ▶ 湛水状況：水位、流入・流出量、適切な水量、水漏れなど
- ▶ 水質管理：有機物や栄養塩類など養分（C・N・P）、溶存酸素、動物・植物プランクトン（種・量）、pH、水温など
- ▶ 生息環境の確保：適切な日射量と気温、病虫害対策、多様な生物の生息空間の確保、外来種駆除対策
- ▶ バイオマス資源（植生）の生育状況：定量化（g／㎡／day）による生育管理、刈り取り・間引き等による植生管理、根の健康管理
- ▶ 土砂の堆積状況：水深の確保、土砂流入防止、土砂・泥の除去など
- ▶ 施設及び付属設備の保守点検と補修：ポンプ、堰・堤体、ヒーター、ろ材、透水材等
- ▶ 周辺のゴミ拾いや除草、土砂堆積の除去
- ▶ モニタリングによる情報の収集とその結果に応じた補修・修正・整備

生態系は絶えず変化、…事後調査で現況把握と効果検証

　生態系は、大気や水、土壌などにおける物質循環や生物間の食物連鎖などを通じて、絶えずその構成要素を変化させながら、全体としてバランスを保っている。特に、人間の諸活動にともなう生物の著しい減少や絶滅、異常繁殖や外来種の増加などは生態系のバランスを損ねる要因になる。また、気温・湿度、水温、降水量、日射量、風況などの気象条件の影響を受けやすく、これらの条件に応じて動物の活動、植物の繁茂、微生物の繁殖、水の循環・流動、土砂の堆積などに変化が生じ、生態系はさまざまな様相を呈する。このため、特に生態系の機能（恵み）を活用した適応策技術（手法）は、実施後、定期的に事後調査（モニタリング）を行い現況把握と効果検証をして、その結果に応じた順応的な対処法をより適切かつ効果的に講じながら推進していくことが重要になる。

事後調査（モニタリング）の項目

　生態系施設や関連する生態系の現況を把握するための事後調査(モニタリング)の項目は、目的・目標、適応技術（手法）などによって異なる。例として、Ａ）森林生態系の機能（恵み）を活用した適応技術（手法）、Ｂ）水域生態系の機能（恵み）を活用した適応技術（手法）をとりあげ、それぞれの事後調査（モニタリング）の項目を以下に挙げた。なお、どのよう場合でも、生態系の実態をできるだけ正確に把握するため、調査時期・回数（いつ）、調査地点・点数（どこで）、調査内容（何を）の適切な設定に留意が必要である。

【事後調査の概要（例）】

Ａ）森林生態系の機能（恵み）を活用した適応技術（手法）

　森林生態系の水源涵養機能や国土保全機能を活用した適応技術（手法）では、

以下のような事後調査（モニタリング）を行い、森林生態系の現況を把握し、水源涵養や国土保全などの効果を検証する。

　［森林生態系の代表的な事後調査（現況調査）の概要］

　▶　林況植生調査：林況（構成、生育状況）を把握するための、樹種、樹高、立木本数、直径、林齢、光環境、下層植生等の調査

　▶　森林荒廃調査：気象害、病虫害、食害等による衰退、被害状況を把握するための、森林荒廃、樹木衰退状況等の調査

　▶　自然環境調査：自然環境を把握するための、及び水源涵養機能を特に向上させる必要がある森林の場合の、水環境（水質・雨量・湧水・地下水など）、土壌（土質）、動物、景観等の調査

　▶　林分力学調査：土砂災害防止機能を特に向上させる必要がある森林の場合の、樹木根系の形状・分布状況、引抜き抵抗力等の調査

B）水域生態系の機能（恵み）を活用した適応技術（手法）

　水域生態系の水質浄化機能を活用した適応技術（手法）では、表4.1に示すような水質モニタリングの項目によって水域生態系の現況を把握する。また、生物種と生物数（量）、及び動態などの調査も行い、生態系の構成要素（バランス）を把握することも重要になる。さらに、底質汚泥などの汚泥は水質に影響を与えるため、汚泥の溶出試験やDO消費速度、強熱減量、TOC（全有機炭素量）、全窒素・全リン、硫化物などの項目についても、状況に応じてモニタリングし、現況を把握しておくことが必要になる。

　ただし、水域生態系のバイオマス資源生産機能を活用してバイオマス資源（水生植物等）を生産し、化石燃料の代替として使用することでCO_2の排出を抑制することを目的にした緩和技術（手法）では、上述の項目のほかに、植物の生育因子である光（日射量）、気温、養分（種類と量）などの現況も把握することが必要となる。

表4.1 代表的な水質モニタリングの項目（湖沼）

項　目	内　　容
水温 単位℃	・水の温度をいい、流入水、気温、日射量などにより変動する。 ・水中の溶存酸素や生物の活動に大きく影響する。
pH （水素イオン濃度指数）	・水溶液中の酸性、アルカリ性の度合いを表す。pH7が中性。通常の河川水はpH7前後である。 ・水質が酸性、あるいはアルカリ性になると、水利用に支障があるほか、水中に生息する生物に影響を及ぼす。
COD （化学的酸素要求量） 単位 mg／L	・水中の有機物を加熱分解する時に消費される酸化剤の量を、酸素量に換算したもの。主として、有機物による水質汚濁の指標として用いられており、湖沼及び海域で環境基準が適用される。 ・CODが高い状態が続くと、水生生物相が貧弱になり、魚類などが生息できなくなる。
SS （浮遊物質量） 単位 mg／L	・Suspended Solid（浮遊物質量）の略称。懸濁物質ともいう。水の濁り度合いを表し、水中に浮遊、分散している粒の大きさが2mm以下、1μm以上の物質を指す。 ・水の濁りの原因となる浮遊物は、低濃度では影響が少ないが、高濃度では、魚の生息障害、水中植物の光合成妨害等の影響がある。また、沈殿物として、底質への影響がある。
DO （溶存酸素量） 単位 mg／L	・水中に溶けている酸素量のことで、主として、有機物による水質汚濁の指標として用いられている。汚濁した水ほど小さい値を示す。 ・常に酸欠状態が続くと、好気性微生物にかわって嫌気性微生物（空気を嫌う微生物）が増殖するようになり、有機物の腐敗（還元）が起こり、メタンやアンモニア、硫化水素が発生し、悪臭の原因になる。また、生物相は非常に貧弱になり、魚類は生息できなくなる。
大腸菌群数 単位 MPN／100mL	・大腸菌または大腸菌と性質が似ている細菌の数。主として、人または動物の排泄物による汚染の指標として用いられている。 ・水中から大腸菌が検出されることは、その水が人または動物の排泄物で汚染されている可能性を意味し、赤痢菌などの他の病原菌による汚染が疑われる。
全窒素 （T-N） 単位 mg／L	・全窒素や全リンは富栄養化の指標として用いられている。水中では、窒素・リンは、窒素イオン・リンイオン、窒素化合物・リン化合物として存在しているが、全窒素・全リンは、試料水中に含まれる窒素・リンの総量を示している。
全リン （T-P） 単位 mg／L	・窒素やリンは、植物の生育に不可欠なものであるが、大量な窒素やリンが内湾や湖に流入すると富栄養化が進み、植物プランクトンの異常増殖を引き起こす。湖沼におけるアオコや淡水赤潮の発生、内湾における赤潮、青潮の発生が問題になっている。
全亜鉛 （T-Zn） 単位 mg／L	・亜鉛を含む化合物の総称。 ・大量に流入すると水生生物に影響を与える。

《参考文献》

1章

1）西岡秀三著（1997）『学研の図書「地球環境」』. 学研プラス.
2）吉野　昇編（1999）「絵とき　環境保全対策と技術」. オーム社、2-3p，86p，179p，206-207p.
3）森林・林業学習館ホームページ（2015）「森林生態系の概要」.「Fujimori.2001」
　　（http://www.shinrin-ringyou.com/shinrin_seitai/）
4）一般法人日本木材総合情報センター（2010）「木が守る地球と暮らし」.
5）気象庁ホームページ（2015）:「海洋の温室効果ガスの知識」.
　　（http://www.data.jma.go.jp/kaiyou/db/co2/knowledge/greenhouse_gases.html）
6）ジェローム・バンデ編（服部英二・立木教夫監訳）（2009）「地球との和解」. 麗澤大学出版会.
7）児玉浩憲著（2000）「図解雑学　生態系」. ナツメ社、45p，75p.
8）環境学習サイト（2015）「河北潟から考える人・水・自然」.
　　（http://iida.yupapa.net/sien/）
9）下平利和著（2011）「生態系に学ぶ！廃棄物処理技術」. ほおずき書籍、7-24p.
10）再生可能エネルギー Web（2017）:「地球と生命の歴史」.
　　（http://lifeplan-japan.net/）
11）田近英一著（2009）「地球環境46億年の大変動史」DOJIN 選書024.（株）化学同人.
12）吉野　昇編（2002）「絵とき　環境保全対策と技術」. オーム社、4-5p，44p，82-89p，178-181p.
13）下平利和著（2016）「生態系に学ぶ！湖沼の浄化対策と技術」. ほおずき書籍、3-9p，42-44p.
14）シェリー・タナカ著. 黒川由美訳（2009）「1冊で知る　地球温暖化」. 原書房、30-45p.
15）山﨑友紀著（2010）「地球環境学入門」. 講談社、062-067p.
16）近藤洋輝著（2003）「地球温暖化予測がわかる本」. 成山堂書店、24p. 39p.
17）沖　大幹著（2007）「地球規模の水環境と世界の水資源（日本地球惑星科学連合ニュースレター JGL）」.（社）日本地球惑星科学連合.
18）国立研究開発法人科学技術振興機構「窒素循環の模式図」. 理科ねっとわーく.
19）西岡秀三、宮崎忠國、村野健太郎　編（2015）「改訂新版　地球環境がわかる」. 技術評論社、16-19p，40-41p，52-55p，94-99p，225p.
20）気象庁ホームページ（2017）:「地球温暖化に関する知識」.
　　（http://www.data.jma.go.jp/cpdinfo/chishiki_ondanka/）
21）環境省ホームページ:「気候変動に関する政府間パネル（IPCC）第5次評価報告書」IPCC 第5次評価報告書の概要（2014年12月），
　　（http://www.env.go.jp/earth/ipcc/5th/）
22）環境省ホームページ:「地球温暖化による影響の全体像」（環境省地球温暖化影響・適応研究委員会、2008），
　　（https://www.env.go.jp/earth/ondanka/effect_mats/full.pdf）
23）JCCCA 全国地球温暖化防止活動推進センターホームページ（2018）:すぐ使える図表集「温室効果ガスの特徴」、「世界の地上気温の経年変化」，

（http://jccca.org/chart/）

2章

1）国立環境研究所ホームページ：「国立環境研究所ニュース24巻 2 号」，
　　（http://www.nies.go.jp/kanko/news/24/24-2/24-2-04.html）
2）環境省ホームページ：「地球温暖化対策計画」（平成28年 5 月13日閣議決定），
　　（http://www.env.go.jp/earth/ipcc/5th/）
3）環境省ホームページ：報告書「気候変動適応の方向性」（平成22年11月），
　　（http://www.env.go.jp/earth/ondanka/adapt_guide/pdf/approaches_to_adaptation.pdf）
4）JCCCA 全国地球温暖化防止活動推進センターホームページ（2018）：「IPCC 第 5 次
　　評価報告書特設ページ（2013）」，
　　（http://www.jccca.org/ipcc/ar5/kanwatekiou.html）
5）環境省：平成30年度予算（案）「パリ協定等を受けた中長期的温室効果ガス排出削減
　　対策検討調査費」資料.
6）環境省ホームページ：「気候変動の影響への適応計画」（平成27年11月閣議決定），
　　（http://www.env.go.jp/earth/ondanka/tekiou/siryo1.pdf）
7）気候変動適応情報プラットフォーム（A-PLAT）ホームページ（2019）：「分野別影
　　響＆適応」，
　　（http://www.adaptation-platform.nies.go.jp/climate_change_adapt/adaptation_plan.html）
8）農林水産省：「農林水産省気候変動適応計画」（平成30年改定），
9）国土交通省：「国土交通省気候変動適応計画」（平成30年改正），
10）環境省：地球温暖化／気候変動の観測・予測及び影響評価統合レポート「日本の気
　　候変動とその影響」（2013年 3 月），
　　（http://www.env.go.jp/earth/ondanka/rep130412/report_full.pdf）
11）「グローバル・コンパクト・ネットワーク・ジャパン」ホームページ（2019）：「持続
　　可能な開発目標（SDGs）」，
　　（http://www.ungcjn.org/sdgs/goals/goal13.html）

3章

①農業分野

1）気候変動適応情報プラットフォーム（A-PLAT）ホームページ（2019）：「分野別影
　　響＆適応」，
　　（http://www.adaptation-platform.nies.go.jp/climate_change_adapt/adaptation_plan.html）
2）農林水産省：「農林水産省気候変動適応計画」（平成30年改定），
3）農林水産省ホームページ（2019）：「平成19年食料・農業・農村白書」第 1 部．第 1
　　章．第 2 節「地球温暖化対策と農村資源の保全」，
4）環境省，文部科学省，農林水産省，国土交通省，気象庁：「〜日本の気候変動とその
　　影響〜」（気候変動の観測・予測及び影響評価統合レポート2018），
5）環境省：自然の恵みの価値を計る「生物多様性と生態系サービスの経済的価値の評
　　価」，

(https://www.biodic.go.jp/biodiversity/activity/policy/valuation/link.html)
6) 農林水産省ホームページ（2020):「平成30年地球温暖化影響調査レポート」（令和元年10月).

2 森林・林業分野

1) 気候変動適応情報プラットフォーム（A-PLAT）ホームページ（2019):「分野別影響＆適応」,
(http://www.adaptation-platform.nies.go.jp/climate_change_adapt/adaptation_plan.html)
2) 農林水産省:「農林水産省気候変動適応計画」（平成30年改定）,
3) 林野庁「森林の適切な整備・保全（平成26年12月4日）」,
4) 林野庁ホームページ（2018）:分野別情報「森林の有する多面的機能について」,
(http://www.rinya.maff.go.jp/j/keikaku/tamenteki/con_2_4.html)
5) 森林・林業学習館ホームページ（2018）:日本の森林「森林の持つ公的機能（水源涵養機能／緑のダム）」,
(https://www.shinrin-ringyou.com/kinou/f04.php)
6) 林野庁森林整備部「土砂流出防止機能の高い森林づくり指針（平成27年3月）」,
7) 長野県林務部、森林の土砂災害に関する検討委員会編「災害に強い森林づくり指針（2008年）」,

3 水産業分野

1) 気候変動適応情報プラットフォーム（A-PLAT）ホームページ（2019):「分野別影響＆適応」,
(http://www.adaptation-platform.nies.go.jp/climate_change_adapt/adaptation_plan.html)
2) 農林水産省:「農林水産省気候変動適応計画」（平成30年改定）,
3) 水産庁:「気候変動に対応した漁場整備方策に関するガイドライン」（平成29年6月策定）,

4 水環境分野

1) 気候変動適応情報プラットフォーム（A-PLAT）ホームページ（2019):「分野別影響＆適応」,
(http://www.adaptation-platform.nies.go.jp/climate_change_adapt/adaptation_plan.html)
2) 国土交通省:「国土交通省気候変動適応計画」（平成30年改正）,
3) 下平利和著（2019）「生態系に学ぶ！地球温暖化対策技術」. ほおずき書籍、146-150 p.
4) 吉野　昇編（2002）「絵とき　環境保全対策と技術」. オーム社、2-3p, 82-87p.

5 水資源分野

1) 気候変動適応情報プラットフォーム（A－PLAT）ホームページ（2019):「分野別

参考文献　179

影響＆適応」，

(http://www.adaptation-platform.nies.go.jp/climate_change_adapt/adaptation_plan.html)
2）国土交通省：「国土交通省気候変動適応計画」（平成30年改正），
3）国土交通省：「雨水浸透施設の整備促進に関する手引き（案）」（平成22年4月）、7p.
4）環境省ホームページ（2019）：「地下水保全」ガイドライン（環境省　水・大気環境局），

(http://www.env.go.jp/water/jiban/guide/guideline.pdf)
5）下平利和著（2007）「生態系に学ぶ！次世代環境技術」．ほおずき書籍（株）、35-36p.
6）浄水技術ガイドライン作成委員会著（2000年5月）「浄水技術ガイドライン」．（財）水道技術研究センター発行．
7）内閣官房水循環政策本部：「水循環基本法」（平成26年4月公布），

⑥ 自然生態系分野

1）気候変動適応情報プラットフォーム（A-PLAT）ホームページ（2019）：「分野別影響＆適応」，

(http://www.adaptation-platform.nies.go.jp/climate_change_adapt/adaptation_plan.html)
2）国土交通省：「国土交通省気候変動適応計画」（平成30年改正），
3）環境省：生物多様性「全国エコロジカル・ネットワーク構想検討委員会」，「エコロジカル・ネットワークの基本的考え方（案）」，

(https://www.biodic.go.jp/biodiversity/activity/policy/econet/20-3/files/mat1.pdf)
4）環境省：「生物多様性国家戦略　2012-2020」（平成24年9月），

(https://www.biodic.go.jp/biodiversity/about/initiatives/files/2012-2020/01_honbun.pdf)

⑦ 自然災害・沿岸地域分野

1）気候変動適応情報プラットフォーム（A-PLAT）ホームページ（2019）：「分野別影響＆適応」．

(http://www.adaptation-platform.nies.go.jp/climate_change_adapt/adaptation_plan.html)
2）国土交通省：「国土交通省気候変動適応計画」（平成30年改正），
3）林野庁「森林の適切な整備・保全（平成26年12月4日）」資料6．
4）林野庁ホームページ（2018）：分野別情報「森林の有する多面的機能について」．

(http://www.rinya.maff.go.jp/j/keikaku/tamenteki/con_2_4.html)
5）森林・林業学習館ホームページ（2018）：日本の森林「森林の持つ公的機能（水源涵養機能／緑のダム）」，

(https://www.shinrin-ringyou.com/kinou/f04.php)
6）林野庁森林整備部「土砂流出防止機能の高い森林づくり指針（平成27年3月）」，
7）長野県林務部、森林の土砂災害に関する検討委員会編「災害に強い森林づくり指針（2008年）」，
8）国土交通省ホームページ（2020）：「水害対策を考える」第4章．

(https://www.mlit.go.jp/river/pamphlet_jirei/bousai/saigai/kiroku/suigai/suigai_4-5-refl.html)
9）気候変動による水害研究会著（2018）「激甚化する水害—地球温暖化の脅威に挑む

—」. 日経 BP 社、170-171p.

8 健康分野

1 ）気候変動適応情報プラットフォーム（A-PLAT）ホームページ（2019）:「分野別影響＆適応」,
　　（http://www.adaptation-platform.nies.go.jp/climate_change_adapt/adaptation_plan.html）
2 ）国土交通省:「国土交通省気候変動適応計画」（平成30年改正）,
3 ）中本信忠著（2005）「おいしい水のつくり方　生物浄化法」. 築地書館（株）、39-40 p.
4 ）環境省ホームページ（2019年）:「地球温暖化と感染症―いま、何がわかっているのか？―」,
　　（https://www.env.go.jp/earth/ondanka/pamph_infection/full.pdf）

9 産業・経済活動分野

1 ）気候変動適応情報プラットフォーム（A-PLAT）ホームページ（2019）:「分野別影響＆適応」,
　　（http://www.adaptation-platform.nies.go.jp/climate_change_adapt/adaptation_plan.html）
2 ）国土交通省:「国土交通省気候変動適応計画」（平成30年改正）,
3 ）環境省:「民間企業の気候変動適応ガイド―気候リスクに備え、勝ち残るために―」（2019年 3 月）,
4 ）吉野　昇編（1999）「絵とき　環境保全対策と技術」. オーム社、206-207p.

10 国民生活・都市生活分野

1 ）気候変動適応情報プラットフォーム（A-PLAT）ホームページ（2019）:「分野別影響＆適応」,
　　（http://www.adaptation-platform.nies.go.jp/climate_change_adapt/adaptation_plan.html）
2 ）国土交通省:「国土交通省気候変動適応計画」（平成30年改正）,
3 ）東京都環境局「ヒートアイランド対策ガイドライン」（平成17年 7 月）,
4 ）東京都環境局ホームページ（2018）:緑化の推進「緑化計画の手引き」,
　　（http://www.kankyo.metro.tokyo.jp/nature/green/plan_system/guide.files/29 midori_tebiki.pdf）
5 ）下平和人著（2007）「生態系に学ぶ！次世代環境技術」. ほおずき書籍（株）、6-9p, 87p.

4章

1 ）環境省ホームページ（2018）:「自然環境・生物多様性保全」（自然資源の持続可能な利用・管理に関する手法例集）,
　　（http://www.env.go.jp/nature/satoyama/syuhourei/practices.html）
2 ）長野県林務部、森林の土砂災害に関する検討委員会編「災害に強い森林づくり指針

（2008年）」,

3）吉野　昇編（2002）「絵とき　環境保全対策と技術」. オーム社、126p.
4）下平利和著（2016）「生態系に学ぶ！湖沼浄化対策と技術」. ほおずき書籍、52p.

《参考文献》

環境ミニセミナー

1章

[生態系ピラミッドについて]

1）吉野　昇編（2002）「絵とき　環境保全対策と技術」. オーム社、2-3p.
2）児玉浩憲著（2000）「図解雑学　生態系」. ナツメ社、45p, 75p.
3）下平利和著（2011）「生態系に学ぶ！廃棄物処理技術」. ほおずき書籍、16p.

[エネルギー資源・鉱物資源の残余年数]

4）西岡秀三、宮﨑忠國、村野健太郎　編（2015）「改訂新版　地球環境がわかる」. 技術評論社、38p.
5）環境省：環境白書（平成14年度版）「第3章持続可能な発展をもたらす社会経済システムを目指して」,
6）資源エネルギー庁：「確認埋蔵量」公式採用値（2004年）,
7）吉野　昇編（2002）「絵とき　環境保全対策と技術」. オーム社、181p.

[加速する気候変動（温暖化）…深刻です！]

8）下平利和著（2019）「生態系に学ぶ！地球温暖化対策技術」. ほおずき書籍、132-135p.

[マイクロプラスチック汚染とは…、生態系への影響、その対策]

9）東京大学　海洋アライアンス　ホームページ（2018）：ニュースがわかる海の話「海のマイクロプラスチック汚染」,
（https://www.oa.u-tokyo.ac.jp/learnocean/news/0003.html）
10）環境省：海洋ごみシンポジウム2016「海洋ごみとマイクロプラスチックに関する環境省の取組」（平成28年12月）,
11）下平利和著（2011）「生態系に学ぶ！廃棄物処理技術」. ほおずき書籍、66-69p.

2章

[IPCCとは]

1）気象庁ホームページ（2017）：「IPCC（気候変動に関する政府間パネル）」,
（http://www.data.jma.go.jp/cpdinfo/ipcc/）

2）JCCCA　全国地球温暖化防止活動推進センターホームページ（2018）：「IPCC 第 5 次評価報告書特設ページ（2013）」，
（http://www.jccca.org/ipcc/ar5/kanwatekiou.html）

[SDGs（持続可能な開発目標）]

3）国際連合広報センターホームページ（2020）：「2030アジェンダ」，
（https://www.unic.or.jp/activities/economic_social_development/sustainable_development/2030agenda/）

3章
[森林生態系の機能と気候変動対策（緩和と適応）]

1）藤森隆郎「森林の二酸化炭素吸収の考え方」．紙パ技協誌2003年10月第 5 巻第10号（通巻第631号）．
2）下平利和著（2019）「生態系に学ぶ！地球温暖化対策技術」．ほおずき書籍、119-121 p.

[海洋の酸性化とは…、その影響と対策は…]

3）海洋生物環境研究所：海生研ニュース99（2008. 7 月）「二酸化炭素による海洋の酸性化」，
4）柳　哲雄著（2011）「海の科学」（海洋学入門第 3 版）．恒星社厚生閣、134-135p.

[ビオトープによる修復・復元]

5）吉野　昇編（2002）「絵とき　環境保全対策と技術」．オーム社、198-199p.

[水問題解決のためには…、浸透・貯留・涵養機能の維持、向上]

6）内閣官房水循環政策本部：「水循環基本法」（平成26年 4 月公布），
7）国土交通省水管理・国土保全局　水資源部：「雨水の利用の推進に関するガイドライン（案）」（平成30年 6 月），
8）下平利和著（2016）「生態系に学ぶ！湖沼の浄化対策と技術」．ほおずき書籍、32p.

[ヒートアイランド現象とは]

9）　環境省：ヒートアイランド対策ガイドライン（平成24年度版）「ヒートアイランド現象とは」．4p.
（https://www.env.go.jp/air/life/heat_island/guideline/h24.html）
10）気候変動適応情報プラットフォーム（A-PLAT）ホームページ（2018）：「分野別影

響＆適応」，

(http://www.adaptation-platform.nies.go.jp/climate_change_adapt/adaptation_plan.html)

11）国土交通省：「国土交通省気候変動適応計画」（平成30年改正），

［「水と緑のネットワーク」で快適環境の形成］

12）国土交通省水管理・国土保全局：「水と緑のネットワーク整備事業」（2001年記者発表資料），

(https://www.mlit.go.jp/river/press_blog/past_press/press/200101_06/010413/010413_mizu.html)

4章

［生態系に関する環境影響評価］

1）　国立環境研究所ホームページ：環境展望台「環境技術解説」（生態系の環境アセスメント2015），

(http://tenbou.nies.go.jp/science/description/detail.php?id=91)

2）環境影響評価情報支援ネットワークホームページ：環境アセスメント技術（報告書等）「生物多様性分野の環境影響評価技術（Ⅱ）　生態系アセスメントの進め方について（平成12年8月）」，

(http://www.env.go.jp/policy/assess/4-1report/03_seibutsu/2.html)

あ と が き

　世界気象機関（ＷＭＯ）は「世界の気候状況に関する報告書2019年版」を公表し、2019年も2010年代を通して異例の高温、陸海氷の後退、海面水位の上昇を記録したと報告。また、洪水、干ばつ、熱波、山林原野の火災、熱帯低気圧等が頻発して、その結果、健康・食料の安全保障や生態系が脅かされ、難民や紛争が多発する等の深刻な影響が拡大していると指摘した。

　我が国も例外ではないことは、皆さんがご存知のとおりである。ちなみに、日本は2018年、気候変動による関連死者数や損失額の大きさから"世界で最も影響を受けた国"になっている。

　今後地球温暖化の進行にともない、さらに頻発・激甚化する気候変動の悪影響を防止・軽減するため、私たち一人一人が気候変動対策のことを真剣に考え、知恵を出し合い、身近なところから行動を起こさなくてはならない（シンクグローバリー・アクトローカリー）。

　本書は、筆者自身が「持続可能な社会を実現するための気候変動対策技術（緩和と適応）はどうあるべきか」を探求し、その結果「生態系の機能（エコシステム）を基調にすることが重要である」との結論を得て、それをもとにまとめたものである。執筆にあたって、特に、次のことを重視した。

　　1．現場の技術まで落とし込んで紹介
　　　・気候変動（地球温暖化）とはなにか、"気候変動"問題解決のためにはどうしたらよいのか、気候変動の影響（世界・日本）と適応策の基本的な考え方は…、などから現場の技術に至るまでの一連の流れに沿って紹介。
　　2．"気候変動"問題解決のための革新的な方途をわかりやすく図解
　　　・生態系の機能（エコシステム）を活用した適応策を10分野別に紹介。
　　3．持続可能な社会実現のための対策技術を紹介
　　　・SDGs（持続可能な開発目標）の普及・推進に対応。

　できるだけ多くの方に理解して頂けるように、全体を通して絵・図表・写真を多くとり入れ、わかり易く解説しようと努めた。緊迫する"気候変動"問題に関

心が高まりつつある昨今、本書が現在直面する温暖化と気候変動の問題解決の一助になるものと確信し、企業・行政・教育関係者、学生の方々など多くの皆様にご一読していただければ幸いである。

なお、本書の執筆にあたり、環境関連の既刊図書やホームページ資料などを参考・引用させていただき、末筆ながらこの場をお借りして、ご関係の皆様に厚くお礼を申し上げたい。

——健全で恵み豊かな生態系（もちろん人間を含む）に感謝して——

2020年7月　　下平　利和

生態系の機能（エコシステム）に学ぼう！

それを基調に、持続可能な社会を実現しよう！

―地球生態系との融和を目指して―

■著者略歴

下平　利和（しもだいら としかず）

1951年長野県岡谷市生まれ。
1978年環境計量士取得（登録）以来、環境分析・測定・調査・評価・対策、及び水処理、廃棄物処理の業務に従事。現在、NPO環境技術サポートJAPAN代表、環境省地球温暖化対策地域協議会議員、自然エネルギー信州ネットSUWA会員。

―持続可能な社会実現のための―

生態系に学ぶ！ "気候変動"適応策と技術

2020年10月25日　発　行

著　者　下平　利和
発行者　木戸　ひろし
発行元　ほおずき書籍 株式会社
　　　　〒381-0012　長野県長野市柳原2133-5
　　　　TEL　（026）244-0235㈹
　　　　FAX　（026）244-0210
　　　　WEB　http://www.hoozuki.co.jp/
発売元　株式会社 星雲社 （共同出版社・流通責任出版社）
　　　　〒112-0005　東京都文京区水道1-3-30
　　　　TEL　（03）3868-3275